KB220551

처음 시작하는 미니멀 라이프

First Published in Korea by The Angle Books Co., Ltd.

처음 시작하는 미니멀 라이프

매일 더 행복해지는 / 감성 미니멀 홈스타일링 /

—

선혜림

Angle Books

자신의 집에서

자신의 세계를 가지고 있는 사람보다

더 행복한 사람은 없다.

– 괴테 –

PROLOGUE

+ 무조건 '더하기'만 했던 첫 신혼집

우리 부부는 물건 사들이기를 좋아했습니다. 신혼여행에서는 거의 빈 채로 들고 간 이민가방 2개를 가득 채우고도 모자라 작은 캐리어를 하나 더 구입해야 했을 정도였죠. 구매한 온갖 잡동사니를 집에 박물관처럼 진열해두곤 그걸 바라보면서 어찌나 뿌듯해했던지….

집 꾸미기에도 열을 올렸습니다. 마치 '집 꾸미기 = 예쁘게 더하기'라는 공식이 있는 것처럼 많은 인테리어 소품을 구입해서 첫 신혼집을 장식했어요. 전셋집이라 큰 공사를 하기 힘든 탓에 작은 소품을 이용해서 집을 열심히 꾸몄습니다. 여기저기 선반을 달고, 해외에서까지 공수한 온갖 것들로 이 선반 저 선반을 가득 채웠죠. 그러다 보니 어느덧 20평이 채 안 되는 집은 평수의 2배 이상 되는 물건들로 가득 찼습니다.

하나 하나 채울수록 뭔가를 완성한다고 생각했습니다. 예쁜 아이템들을 채우면서 볼거리가 더욱 풍성해지는 것 같아 기분이 좋았어요. 제게 맞는 살림법을 제대로 찾지도 못한 채 남들이 추천하는 살림용품을 사는 데에 열을 올리기도 했습니다. 어쩌면 저는 집 안을 온갖 물건으로 채우며 행복을 채우고 있다고 생각했는지도 모릅니다.

0 왜 꾸밀수록 불편해질까

이런 삶이 지속되기를 2년 남짓, 불현듯 조금 문제가 있다는 생각이 들었습니다.

'맞벌이 부부인데 왜 아무리 벌어도 가계는 좀처럼 나아지지 않을까?'

'매일 야근을 하는 것도 아닌데 왜 이렇게 바쁘고 힘들지?'

'왜 집에 오면 쾌적하고 편안한 느낌이 들지 않을까?'

채울 땐 몰랐던 아기자기한 소품들이 어느새 이 공간 저 공간에 채워지면서 우리 부부의 삶에 작지 않은 영향을 끼치기 시작했습니다. 물건이 많아질수록 늘어난 청소 시간은 삶을 조금씩 각박하게 만들어갔습니다. 소품 위에 쌓이는 먼지는 닦아도 닦아도 끝이 없었고 청소기를 돌릴 때는 곳곳에 놓아둔 물건들에 부딪혀 정신이 없었어요. 이리저리 방향을 틀며 청소하느라 손목이 아플 지경이었죠. 맞벌이 부부인 저희에게 매일 그 많은 소품을 일일이 닦고 청소하는 일은 쉽지 않았습니다. 하루 이틀만 방치해도 집 안이 먼지구덩이가 되어버린 것 같았어요. 꾸미기는 좋아하지만 정리나 청소는 귀찮아하는 저희 부부. 사소한 신경전이 늘어났고, 그것이 불씨가 되어 크고 작은 말다툼으로 이어졌습니다.

새로 구입한 물건들을 놓을 공간이 없어 틈새 공간이나 숨은 공간을 찾아야 했고 급기야 물건들은 베란다까지 가득 채워졌습니다. 주방 수납장은 이미 그릇으로 가득한데도 예쁜 그릇을 보면 또 사들였어요. 그럴 때마다 새로운 자리를 만들기 위해 테트리스 하듯 그릇을 맞춰 넣어야 했습니다. 매번 넣는 위치가 바뀌니 물건 하나 찾는 데도 수납장 문을 몇 번이고 열었다 닫아야 했죠.

집을 예쁘게 꾸미겠다는 일념으로 더하고 더했던 집 꾸미기는 결국 스트레스로 돌아왔습니다. 우리 부부의 라이프스타일과 성향을 고려하지 않고 그저 예쁜 것을 찾아 채우기에만 급급했던 결과였죠.

– 미니멀 홈스타일링을 시작하다

퇴근하고 돌아오면 편안하게 쉴 수 있는 집.

물건들을 모시고 사는 게 아니라 우리 부부가 주인공인 집.

효율적으로 청소하고 관리할 수 있는 집.

이런 집을 만들어야겠다고 생각했습니다. 그러려면 간소해져야 했습니다. 그렇게 미니멀 라이프는 자연스럽게, 어쩌면 필연적으로 우리에게 찾아왔습니다. 트렌드를 좇기 위한 것이 아닌 현실적인 필요성 때문이었죠.

하지만 무소유에 가까운 '비우기'나 완전히 금욕적인 생활을 바란 것은 아니었습니다. 미니멀 라이프를 계속 알아가면서 그것의 참 목적은 무조건적인 비움이 아니라 자신이 소중히 여기는 물건이 무엇인지 찾고, 그것을 통해 공간을 풍요롭게 만드는 것임을 알게 되었죠. 우리에게 풍요로운 공간이란 편안하고 깔끔하면서 보기에도 예쁜 집이어야 했습니다.

'아무것도 없는 방에 살고 싶지는 않은데… 예쁘게 비우는 미니멀 라이프는 없을까?'

그런 공간을 위해서 나만의 미니멀 라이프를 고민하기 시작했습니다. 그러다 문득 이런 생각이 들었어요. 휴식을 위해 떠나는 여행지의 호텔은 포근함과 아름다움 두 가지 요소를 모두 가지고 있죠. 때문에 사람들은 그곳에서 휴식을 취하기 위해 아낌없이 돈을 지불합니다. 그런데 인기 있는 호텔들을 자세히 들여다보면 공간을 예쁘게 보이기 위해 과하게 꾸미거나 치장하지 않습니다. 오히려 숙박에 필요한 최소한의 제품만으로도 공간을 편안하고 아름답게 느끼게 하죠. 바로 그 점이 제게 영감을 주었습니다.

단순 장식용 소품들을 비우고 생활에 필요한 핵심 아이템만으로 공간을 아름답게 연출하자! 이런 다짐과 함께 우리 부부는 두 번째 신혼집에서 미니멀 홈스타일링을 시작했습니다.

CONTENTS

CONTENTS

‘처음 시작하는 미니멀 라이프’ 3가지 약속

1. 6개월 이상 사용하지 않은 제품은 버린다.
   매일 사용하지 않는 제품은 무조건 수납한다.
2. 추억이 없는 소품은 버린다.
   추억이 담긴 물건 중 5개 이하만 장식하고 모두 ‘추억함’에 수납한다.
3. 수납공간이 부족하다고 절대 수납공간을 추가로 만들지 않는다.

01

물건은 최소로, 행복은 최대로!
'비움노트'로 시작하는 우리 집 미니멀 라이프

우리의 두 번째 전셋집

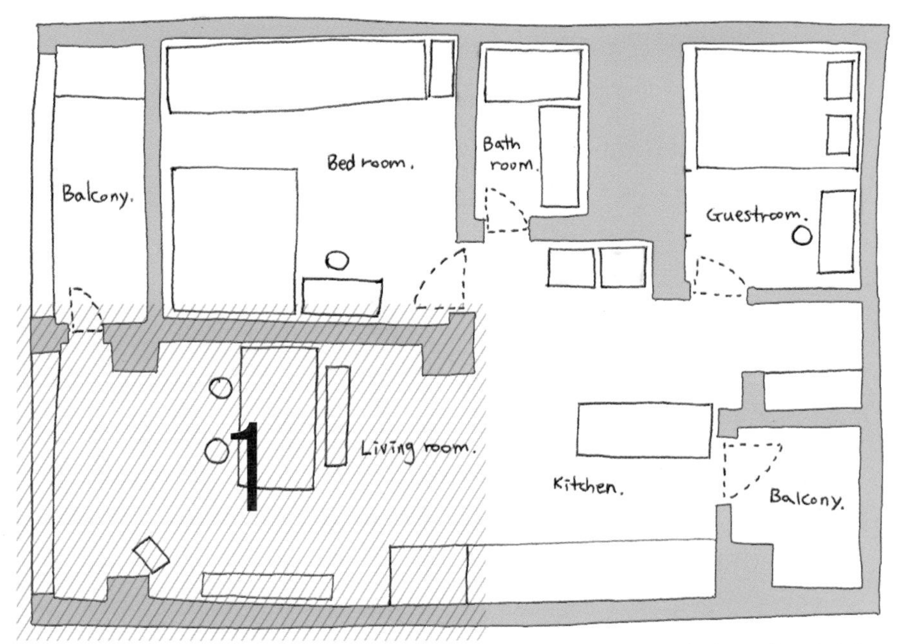

35년 된 59㎡ 복도식 아파트

STEP 1

꼭 필요한 물건만!
머물고 싶은 심플 카페형 거실

첫 신혼집의 거실은 소품샵을 방불케 했습니다. 분명 우리가 예쁜 집에 살려고 물건을 들이기 시작했는데 어느 순간 정신을 차려보니 소품샵에 저희가 얹혀 사는 것 같더군요. 그야말로 주객전도였죠. 물건을 산 다음 기분 좋은 건 며칠 가지 못하고, 사랑스럽던 소품은 곧 애물단지로 전락했습니다. 거의 매일 닦아도 쌓이는 먼지에 나중엔 '에라 모르겠다!' 하고 방치하게 되더군요.

거실에 놓는 가구도 마찬가지였습니다. 신혼부부라면 혼수 장만할 때 누구나 필수로 구매하는 소파. 저희 부부 역시 으레 필요하겠거니 하고 장만했죠. 하지만 10평대 작은 집에 커다란 테이블과 소파를 같이 놓고 생활하다 보니 공간도 답답해 보이고 불편한 점이 많았습니다. 소파에 앉기 위해선 테이블 의자를 늘 다른 곳에 옮겨놔야 했죠. 둘 다 테이블에서 일하는 시간이 많았기 때문에 소파에 앉는 횟수가 점점 줄어들었습니다.

온갖 소품과 선반으로 포위당한 거실!

그런데도 그저 예쁘다는 이유로 미련을 버리지 못한 채 이사한 집까지 소파를 가지고 왔습니다. 하지만 역시 새로운 집에서도 소파를 놓을 공간은 마땅치 않았습니다. 결국 베란다로 가는 동선에 소파를 놓아야 해서 움직일 때마다 소파 모서리에 부딪히는 일이 잦았습니다. 이때 마음을 굳게 먹었습니다.

불편하고 답답한 거실을 바꾸자! 우선 소파를 과감하게 처분하기로 했습니다. 그리고 불필요한 소품들을 정리해보니, 생각보다 물건이 너무 많았어요. 60여 개에 달하는 이 많은 물건들을 갑자기 처분하자니 어디서부터 손을 대야 할지도 막막했습니다. 사기는 쉽지만 버리기는 쉽지 않더군요. 이때부터 저는 어떻게 하면 두 번 손이 가지 않고, 현명하게 비울 수 있을지 고민하기 시작했습니다.

물건과 과감히 이별하는 방법, 비움노트

깔끔하면서 편안한 공간을 위해서는 어떻게든 소품을 줄여야겠는데, 아무리 비우자고 결심을 해도 막상 실행하기는 쉽지 않았어요. 버리려고 물건을 쥐는 순간 물건 하나 하나에 얽힌 추억과 버리면 안 되는 이유가 수만 가지나 떠올랐거든요. 숲을 못 보고 나무만 보는 격인 거죠. 이런 식으로는 원하는 공간을 만들 수 없겠다는 생각이 들었습니다. 그래서 생각 끝에 물건과 이별하는 저만의 방법을 만들었습니다. 바로 '비움노트!'

저는 비움노트를 통해 소파를 비롯해 거실과 이별할 물건들의 리스트를 만들기 시작했습니다. 그렇게 완성된 비움 리스트에 따라 하나씩 나눔, 중고, 폐기 등으로 비워나갔습니다.

물건들과 이별한 후 후회는 없었습니다. 무엇보다 소파를 없애니 베란다로 가는 공간이 시원하게 확보되었고 손쉽게 자주 환기를 시킬 수 있어 공간이 쾌적해졌습니다. 이렇게 비우고 남은 마음에 쏙 드는 필수 물건만으로 늘 꿈꾸던 심플한 거실을 만들었습니다! 소파에 앉아 텔레비전을 시청하는 일반적인 거실보다 일도

하고 친구들이 오면 함께 앉을 수 있는 카페형 거실이 우리 부부에겐 훨씬 큰 만족감을 주었습니다.

그럼 비움노트에 대해 알아볼까요? 비움노트를 쓰는 방법은 이렇습니다.

1. 전체 공간의 사진을 출력한다.
2. 사진 속 불필요해 보이는 물건들을 찾아 과감하게 '이별' 표시를 한다.
3. 표시된 물건을 실제 공간에서 비운다.

전체 공간을 사진으로 보면 물건보다는 공간이 먼저 눈에 들어오고, 불필요한 물건들이 얼마나 공간을 복잡하게 만드는지 보입니다. 즉 전체를 객관적으로 바라볼 수 있게 되죠. 게다가 불필요한 물건들을 표시해두면 좀 더 과감히 실천할 수 있습니다. 그래도 어렵다면 실천력 있는 가족이나 친구에게 비움노트를 전해주고 '이별' 표시된 물건들을 대신 치워달라고 요청해보세요.

불편하고 답답했던 거실, 이렇게 비웠어요!

비움노트 활용: 거실편

심플 카페형 거실을 위한 비움 / 남김 리스트

비움 리스트

소파, 가습기, 컴퓨터, 프린트, 러그, 스툴, 사이드 테이블, 책 수납함, 벽선반 1개, 스탠드 조명 2개, 쿠션 2개, 액자 6개, 천정 조명 1개, 시계 1개, 식물 4개, 앨범 2권, 향초 및 룸스프레이 4개, 기타 소품 30여개

남김 리스트

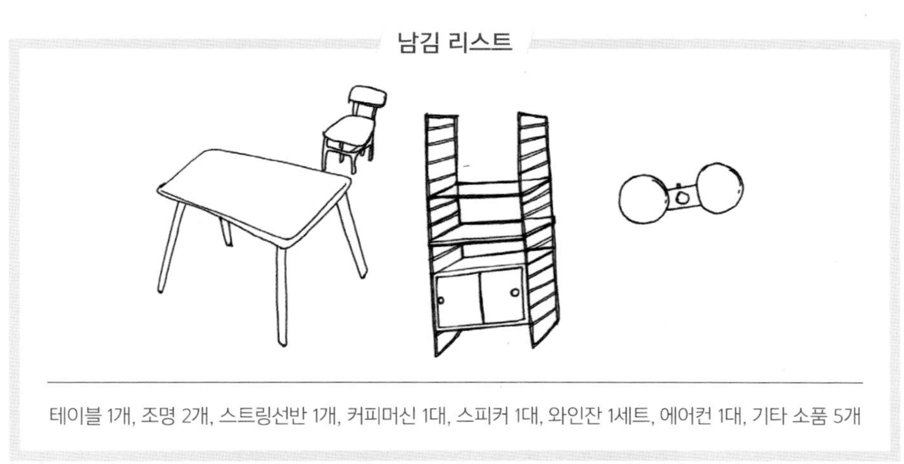

테이블 1개, 조명 2개, 스트링선반 1개, 커피머신 1대, 스피커 1대, 와인잔 1세트, 에어컨 1대, 기타 소품 5개

60개의 아이템을 비우니 거실이 가벼워졌습니다!

내 마음에 쏙 드는 필수 물건만을 엄선해 선반 하나당
하나씩만 배치했습니다. 숨통이 확 트이는 느낌!

테이블 위의 잡동사니를 모두 비우고나니
무엇이든 할 수 있는 여유가 생겼습니다.

심플한 거실에 행복을 주는 스타일링

1. 선반 하나당 하나의 제품만

선반은 매일매일 사용하는 물건을 두고 꺼내 쓰기 편한 것이 장점입니다. 하지만 수납장과 달리 눈에 보이기 때문에 조금만 물건이 많아져도 공간이 지저분하고 답답해 보일 수 있습니다. 그러므로 선반의 장점을 극대화하기 위해서는 마음에 쏙 들면서 매일 사용하는 물건을 선반 하나당 하나씩만 올려둡니다. 정말 마음에 드는 물건 하나는 장식용 소품 10개보다 더 효과적이고 집을 깔끔하게 꾸미는 데도 도움이 됩니다.

우리 집 선반에 꼭 필요한 물건들

공간에 아름다운 향을 채워주는 디퓨저

와인을 즐기는 우리 부부를 위한 와인잔

아침마다 즐기는 커피를 만들어줄 커피머신

공간에 감미로운 음악을 채워줄 스피커

작업 또는 인터넷을 위해 사용하는 노트북

깔끔함을 유지하기 위한 티슈

2. 접근성이 떨어지는 선반에는 장식용 소품을

미니멀 홈스타일링에서 무조건 장식용 소품을 지양하는 것은 아닙니다. 접근성이 안 좋은 최상단이나 하단 선반에 예쁜 장식용 소품을 놓으면 공간을 좀 더 재미있고 풍성하게 만들 수 있습니다.

3. 필수 아이템은 디자인 소품처럼 활용

티슈의 화려한 패키지는 공간을 산만해 보이게 하는 주범입니다. 단색의 리넨 또는 펠트 소재의 케이스를 씌우면 깔끔한 인테리어 소품이 됩니다.

리모컨 역시 아무 곳에나 놓아 공간을 어지럽히지 말고 심플한 디자인의 거치대를 마련해 홈스타일링 소품으로 활용해보세요.

4. 심플한 거실의 비밀은 수납·정리에!

거실을 깔끔하게 꾸미기 위해서는 수납을 최소화하는 것이 중요합니다. 새 집에는 빌트인으로 이미 설치된 수납장이 하나 있었는데, 거기에 놓을 수납함 3개를 구입했습니다. 그리고 기존에 가지고 있던 스트링선반을 가져왔습니다. 꼭 필요한 물건만 남기니 수납장 2개에 모든 물건을 수납할 수 있었습니다.

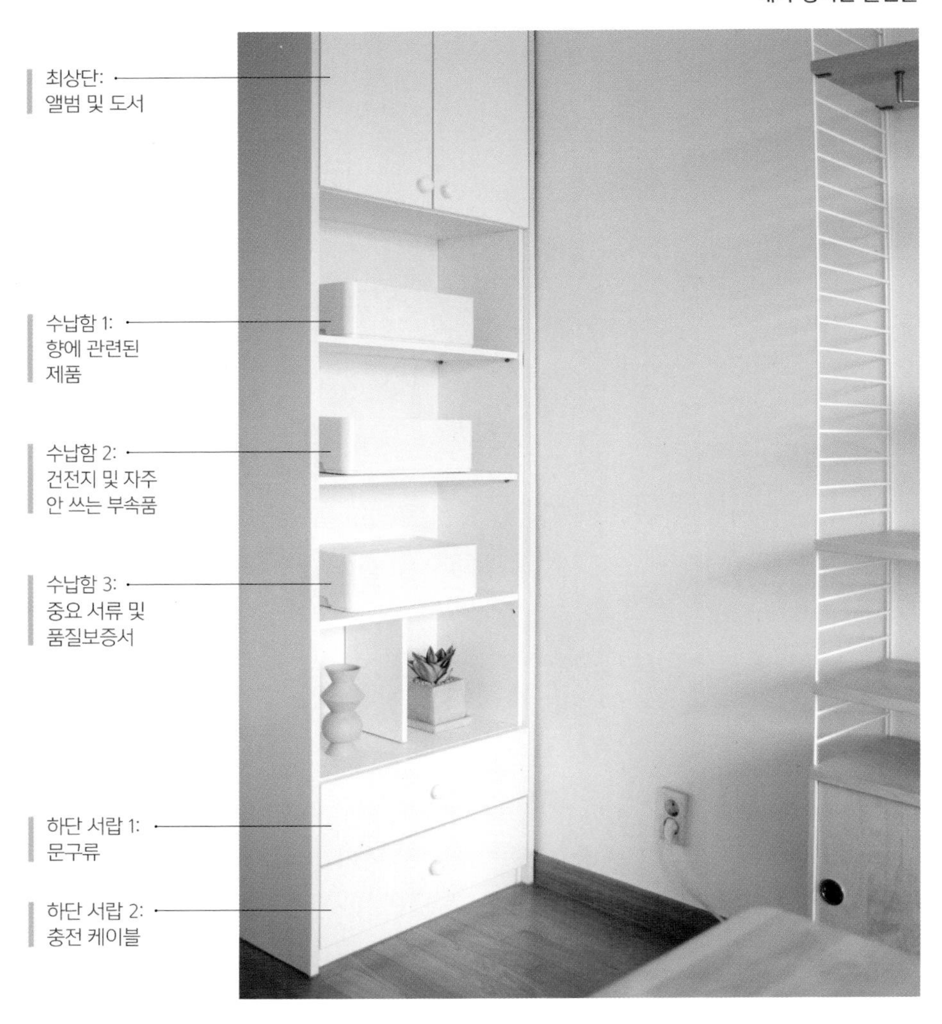

내가 정리한 물건들

거실 수납장 들여다보기

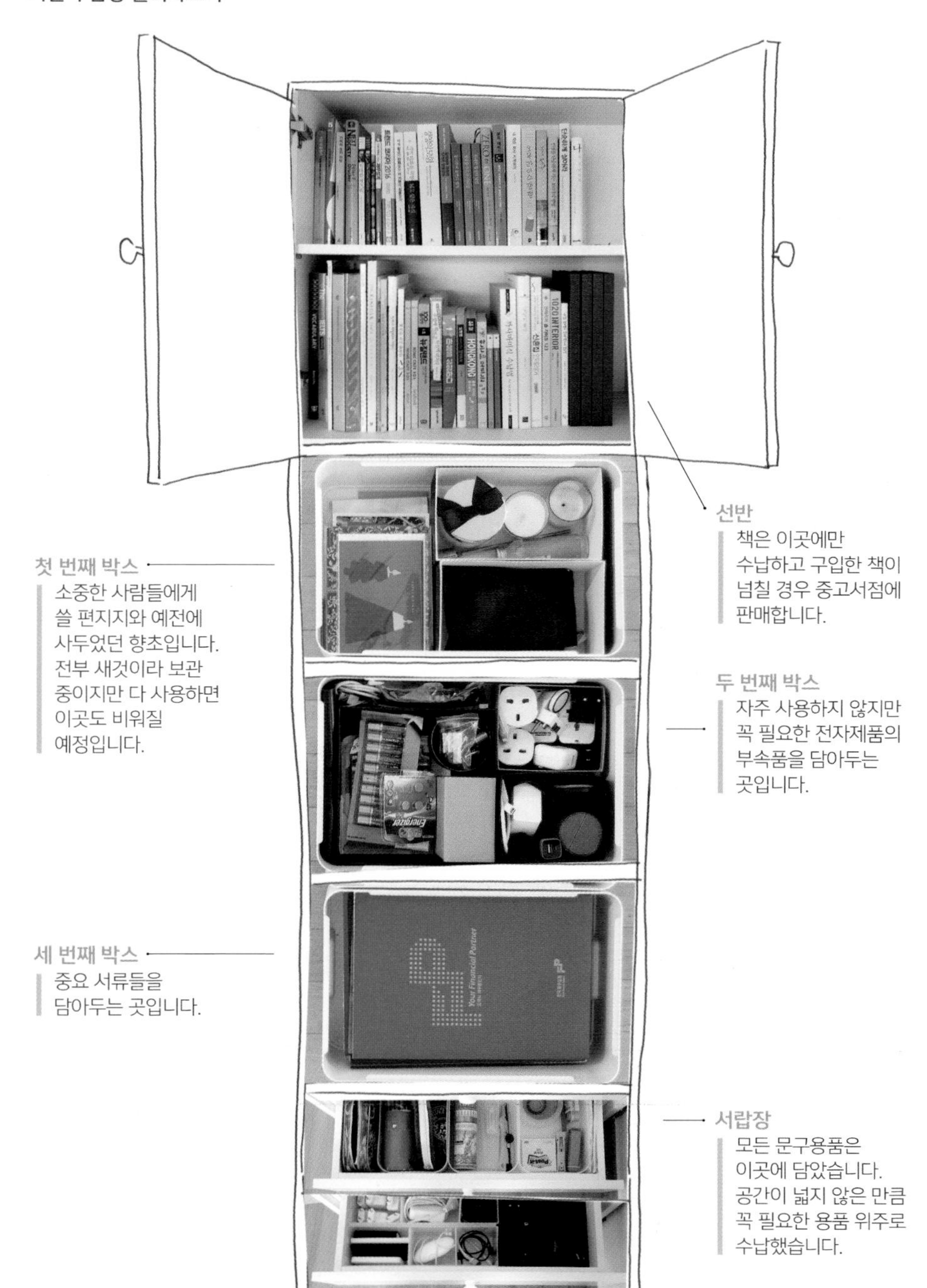
선반
책은 이곳에만 수납하고 구입한 책이 넘칠 경우 중고서점에 판매합니다.
첫 번째 박스
소중한 사람들에게 쓸 편지지와 예전에 사두었던 향초입니다. 전부 새것이라 보관 중이지만 다 사용하면 이곳도 비워질 예정입니다.
두 번째 박스
자주 사용하지 않지만 꼭 필요한 전자제품의 부속품을 담아두는 곳입니다.
세 번째 박스
중요 서류들을 담아두는 곳입니다.
서랍장
모든 문구용품은 이곳에 담았습니다. 공간이 넓지 않은 만큼 꼭 필요한 용품 위주로 수납했습니다.

소소한 정리·수납 TIP / 수납공간에 딱 맞는 수납함 찾기

수납공간에 딱 맞는 수납함을 찾기는 쉽지 않습니다. 제조사별로 사이즈가 다 제각각이기 때문에 눈대중으로 잘못 샀다가는 너무 작거나 커서 낭패를 볼 수 있으니 이를 방지하기 위해 구매 전에 꼭 수납함을 넣을 공간의 사이즈를 잰 후에 수납함 사이즈와 비교하세요. 그러면 낭비 없는 현명한 소비를 할 수 있습니다. 오프라인 매장에는 수납함에 사이즈가 안 적혀 있을 수 있으니 휴대용 줄자를 챙겨가세요.

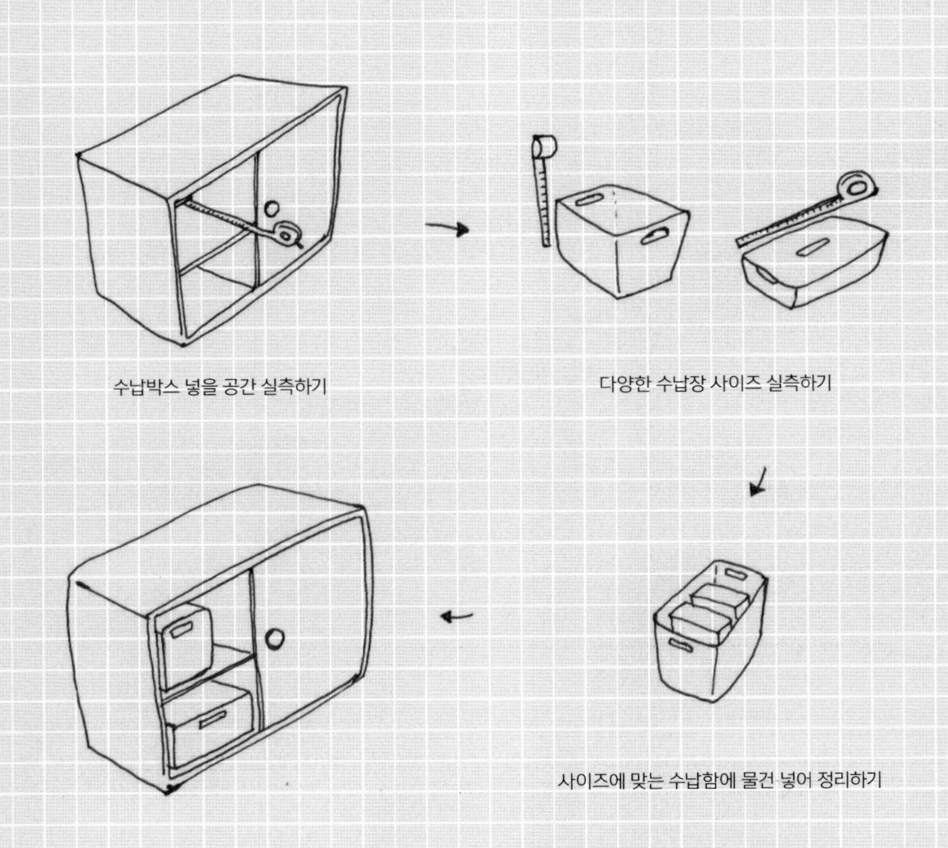

수납박스 넣을 공간 실측하기

다양한 수납장 사이즈 실측하기

사이즈에 맞는 수납함에 물건 넣어 정리하기

STEP 1 수납할 아이템을 정합니다.

STEP 2 수납할 공간도 정해야겠죠?

STEP 3 수납공간의 사이즈를 잽니다.

STEP 4 실측한 사이즈에 맞는 수납함을 구해요.

STEP 5 아이템들을 수납함에 맞게 담아보세요.

STEP 6 기존 제품을 활용하여 수납하기도 합니다.

STEP 7 수납함들을 공간에 맞게 쏘옥 넣으면 끝!

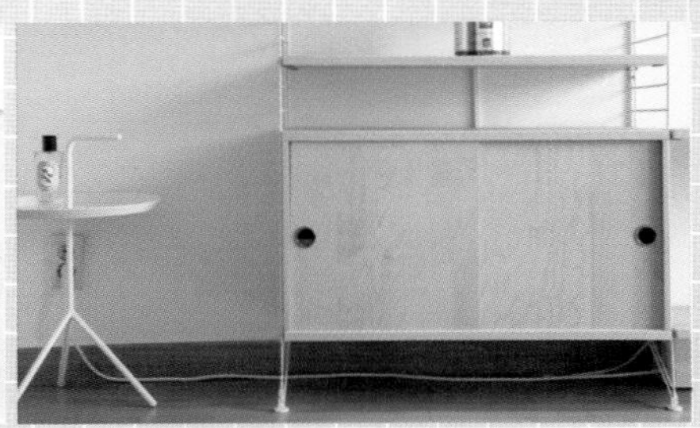

STEP 8 보기 안 좋은 건 문 있는 곳에 수납하세요.

여유 있는 거실 공간이 가져온 변화

고단한 하루를 마치고 집 안에 들어서서 말간 거실을 보면 숨통이 확 트이는 느낌입니다. 아무것도 없는 테이블엔 무엇이든 올려놓을 수 있죠. 그뿐인가요? 걸리적거리는 물건이 줄자 청소하는 시간이 반으로 줄었습니다. 물건을 비우자 우리 부부의 대화와 움직임으로 공간이 채워졌습니다.

휴일엔 가족이나 친구들도 더 자주 초대합니다. 전엔 누가 오면 그날은 대청소 날이었어요. 묵혀뒀던 먼지를 쓸고 닦고 수많은 소품들을 재정비하느라 정신이 없었죠. 미니멀 홈스타일링을 통해 거실을 심플하게 비우고 난 후에는 손님맞이를 위해 그저 청소기만 슬쩍 돌리면 되니, 불쑥 친구에게 연락이 와도 마음 편히 집으로 초대할 수 있게 되었습니다. 공간에 여백을 두자 즐거운 시간과 소중한 추억이 쌓였습니다.

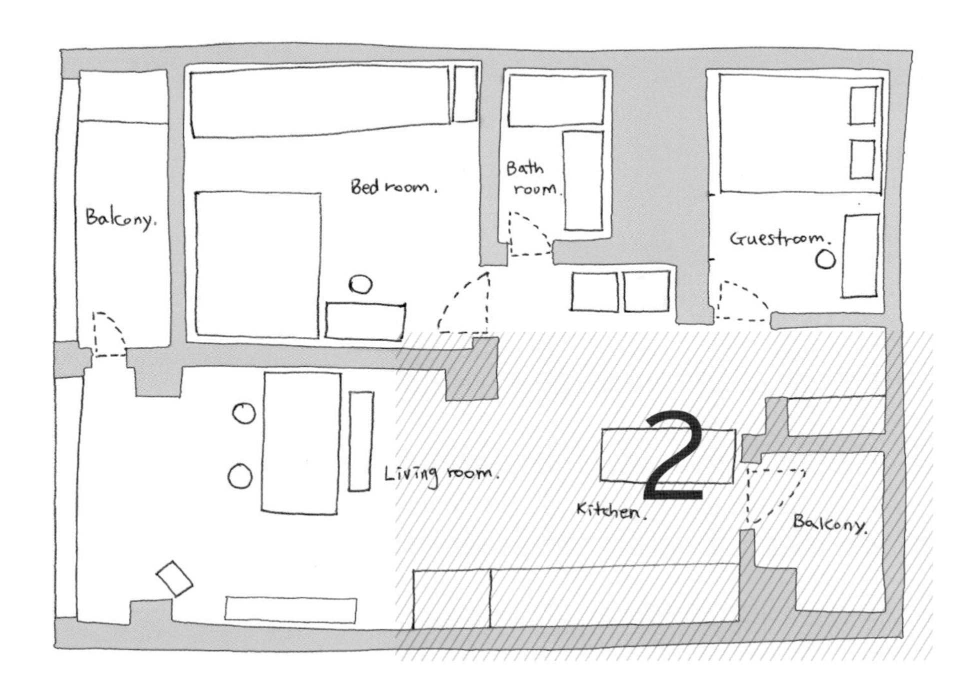
Balcony.
Bed room.
Bath room.
Guestroom.
Living room.
2
Kitchen.
Balcony.

STEP 2

모든 것이 제자리에!
요리가 즐거워지는 주방

살림에 '살' 자도 잘 몰랐던 결혼 1년차 시절, 저는 열정 하나만으로 주위에서 좋다는 물건은 닥치는 대로 구매했습니다. 어느덧 주방은 눈에 보이는 곳에만 100개가 넘는 용품들로 가득 채워졌습니다.

하지만 모든 물건을 매일 사용하지 않는다는 것이 함정이었죠. 예를 들어 신혼여행지에서 사온 주방용품인 치즈 커팅기는 2년여 동안 단 한 번도 사용하지 않은 채 주방 한구석을 차지하고 있었어요.

그뿐만이 아니었습니다. 단순히 패키지가 예쁘다는 이유로 구매한 각종 향신료들은 포장을 뜯지도 않고 스트링선반에 전시해둔 채 1년이 넘게 방치했습니다. 그러다 보니 선반에 전시한 향신료는 그대로 두고 자주 사용하는 향신료를 따로 구매하는 웃지 못할 상황도 벌어졌어요. 그렇게 아기자기한 소품들로 가득 찬 주방은 정작 요리하기에는 너무 비좁았습니다. 심지어 거실 테이블에서 조리 준비를 해야 했죠.

그리고 사용하다 보니 살림의 고수들이 추천하는 좋은 물건이라도 제게 맞는 것과 그렇지 않은 것이 있었습니다. 유명 살림 블로거님의 후기를 보고 구매한 유리 보관병은 설거지할 때 분해하고 조립해야 할 부품들이 너무 많았어요. 특히 스틸 고정 부분은 관리가 소홀하면 녹이 쉽게 슬다 보니 야근이 잦은 저희에겐 맞지 않는 용품이었습니다. 도시락통도 구매한 첫 해만 도시락을 싸서 피크닉을 가고 그 후론 거의 사용하지 않았어요.

우리에게 맞지 않은 용품들을 사용하지 않고 쌓아두기만 한 시간이 3년이 넘었더라고요. "언젠간 쓰겠지?" 하며 기어코 보관한 물건들. 저는 비움노트를 통해 다시 한 번 깨달았습니다. 비움노트에 표시된 수많은 비움 리스트와 비례했던 제 욕심은 결국 주방 수납장을 보관함이 아닌 창고로 만들어버렸습니다.

이것저것 꾸며댄 용품들로 정작 요리를 할 수 없는 주방!

3년간 묵혀온 용품들로 비좁았던 주방, 이렇게 비웠어요!

비움노트 활용: 주방편

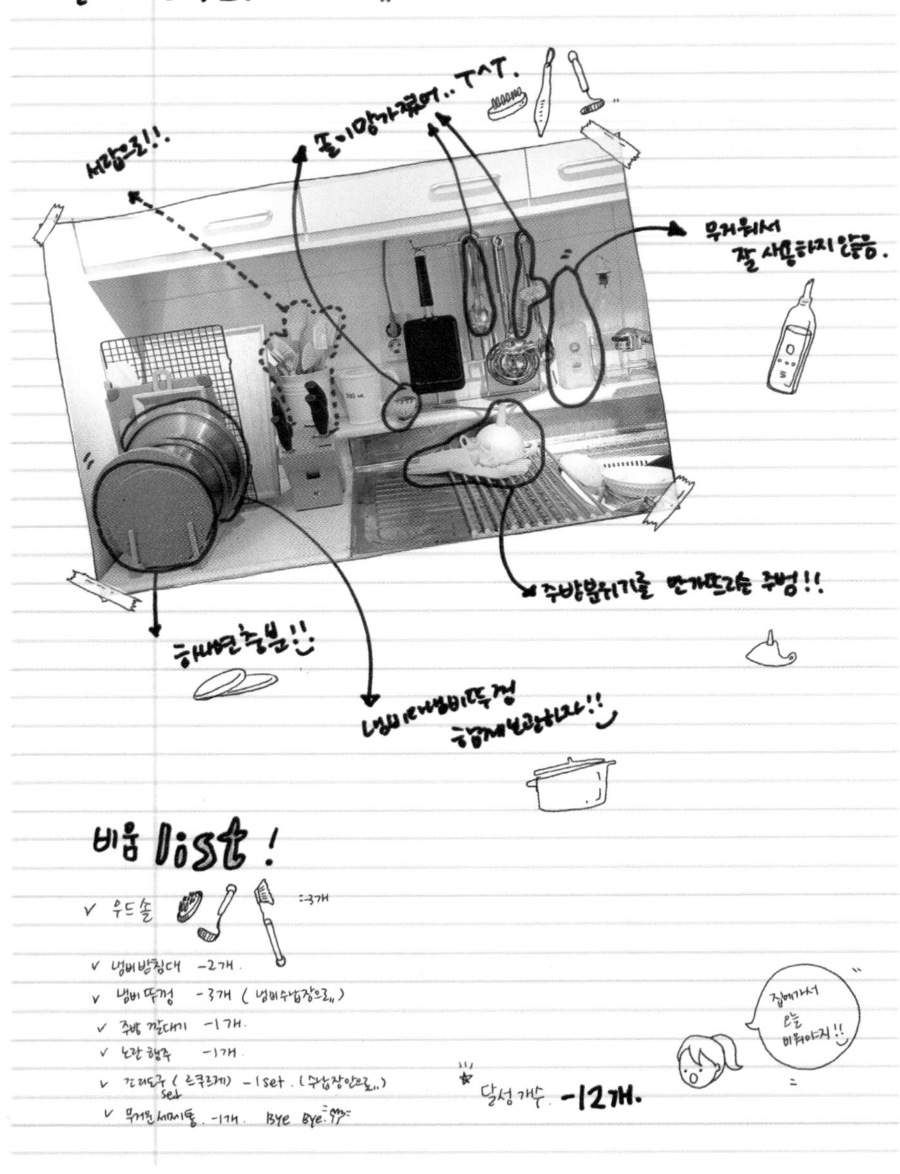

간편한 주방을 위한 비움 / 남김 리스트

비움 리스트

스포트라이트 조명 6개, 바 의자 2개, 잡지꽂이 1개, 요리책 및 잡지 4권, 식물 1개, 스트링선반 1개(화장실로 옮김), 파스타통 2개, 냄비걸이 2개, 행주걸이 2개, 양념통 5개, 수세미통 2개, 건조대 3개, 시럽 및 기름통 6개, 수납렉 1개, 저울 1개, 티 보관함 3개, 모카포트 1개, 커피가루 3개, 냄비 3개, 향초 1개, 조리도구 10개, 도마 3개, 냄비받침 4개, 우드 수저통 1개, 믹서기 1개, 자석보드 2개, 햄 커터기 1개, 에스프레소 잔 6개

남김 리스트

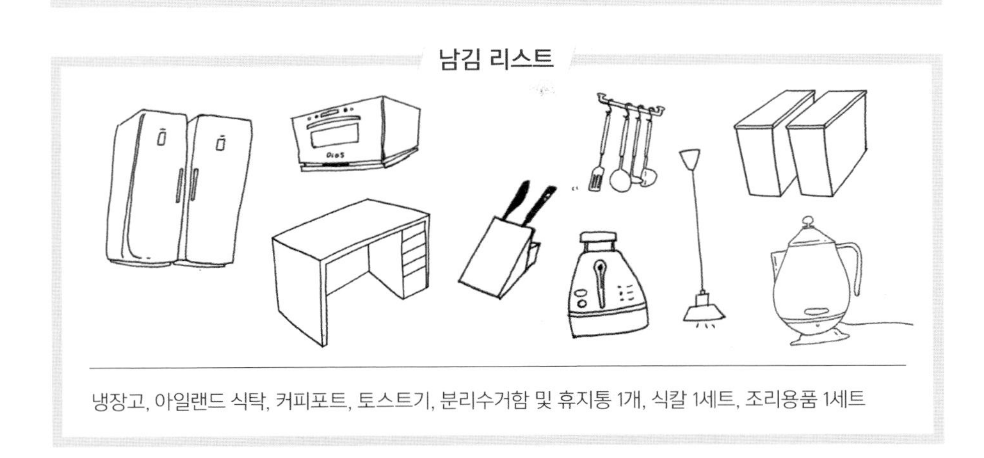

냉장고, 아일랜드 식탁, 커피포트, 토스트기, 분리수거함 및 휴지통 1개, 식칼 1세트, 조리용품 1세트

똑똑한 비우기와 수납으로 간편한 주방이 탄생했습니다!

깔끔한 주방에 개성을 더하는 스타일링

1. 공간에도 코디가 필요해요

옷을 입을 때 우리는 꼭 상하의가 잘 어울리게 코디를 하죠? 공간도 옷을 입듯 코디해보면 어떨까요? 같은 공간에 놓일 필수 제품들을 재질, 컬러, 유사한 디자인 또는 동일 브랜드 제품으로 놓아두면 별도의 스타일링 없이 그 자체만으로도 주위와 잘 어울려 깔끔하면서도 세련된 공간을 연출할 수 있답니다.

2. 고무장갑마저 내 마음에 쏙 드는 제품으로

단정한 주방에 느닷없이 빨강이나 핫핑크, 혹은 화려한 패턴이 들어간 고무장갑이 놓여 있으면 공간과 어울리지 못하고 이질감이 듭니다. 뭐 이런 것까지 신경 쓸 필요가 있나, 하지 말고 같은 가격이면 고무장갑까지 주방과 어울리는 센스 있는 인테리어 소품으로 갖춰보는 것은 어떨까요?

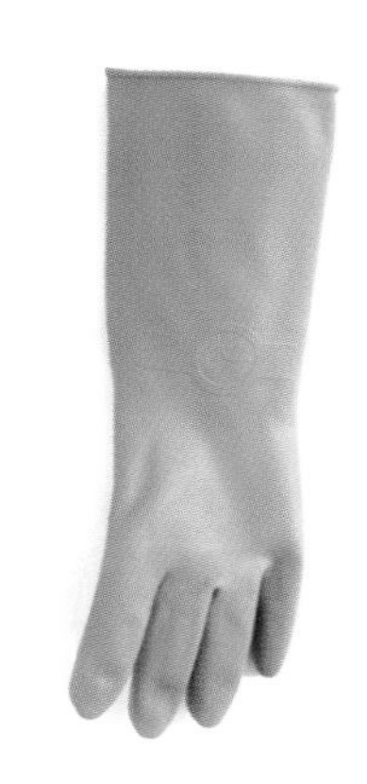

오이스터 고무장갑

3. 주방 손잡이만 바꿔도 분위기 변신

인테리어 공사가 어려운 전셋집 같은 경우에는 주방 손잡이 교체만으로도 심플한 인테리어 효과를 낼 수 있어요. 손잡이 가격도 저렴해서 소모품처럼 쓰다가 이사 갈 때는 두고 가도 되고, 이전 손잡이로 되돌려놓고 이사한 집에서 또 사용해도 됩니다.

주방 손잡이는 규격 사이즈이기 때문에 구매 전 나사 홀과 홀 사이의 길이를 측정하고 그에 맞는 손잡이로 구매해야 합니다.

손잡이 사이즈 규격 (64 / 96 / 128 / 160mm)

4. 미니멀한 공간에 생기 불어넣기

아무것도 없는 미니멀한 공간. 왠지 모르게 공간이 삭막해 보이죠? 그럴 땐 최소한의 소품으로 스타일링해보세요.

냉장고 위는 말 그대로 '죽은 공간(Dead Space)'입니다. 때문에 활용도를 높이기 위해 수납공간을 만드는 경우가 많은데요. 자기 집이 아니면 수납장을 맞추기가 부담스러운 것도 사실입니다. 이럴 땐 수납장 대신 그 공간에 포인트가 되는 소품을 놓아두면 어떨까요? 미니멀한 공간에 생기를 불어넣어 보세요.

주방에서 타이머, 병따개 등은 꼭 필요한 아이템입니다. 수납하는 것도 좋지만 1~2개 정도는 예쁜 캐릭터와 결합된 소품으로 냉장고에 붙여두는 것도 센스 있게 스타일링 하는 방법입니다.

소소한 정리·수납 TIP / 주방 정리가 쉬워지는 제자리 수납법

주방 수납의 시작은 먼저 수용 가능한 공간을 파악하는 것! 수용 가능한 이상의 물건을 소유하면 당연히 공간은 좁아지고 물건 하나 찾아서 꺼내는 것도 일이 됩니다. 작은 구멍 하나에 댐이 무너지듯 이렇게 작은 불편함이 모이면 정리를 해도 위치만 재배열할 뿐 불편함은 그대로인 악순환이 계속되는 거죠. 그러다 포기하기에 이르고 결국 수납장은 창고로 변해버립니다.

"정리해야지!" 마음먹고 정리를 시작해도 주방의 수납공간을 다 파악하고 기억하기란 쉽지 않습니다. 주방 수납을 하기 전엔 대략적인 계획을 한번 세워보세요. 아래와 같이 전체 수납장이 한눈에 보이게 간략하게 그림을 그려도 좋고 사진을 찍어서 그 위에 표시를 해두어도 좋습니다. 이렇게 하면 훨씬 수월하고 체계적으로 정리할 수 있을 거예요!

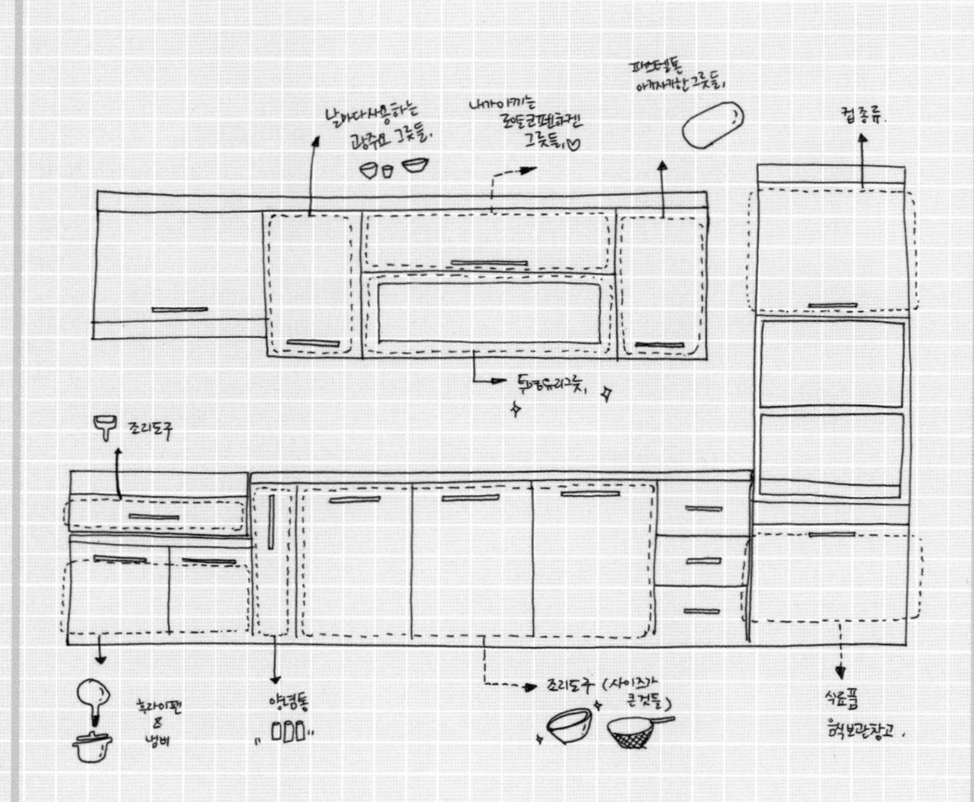

주방 수납장 들여다보기

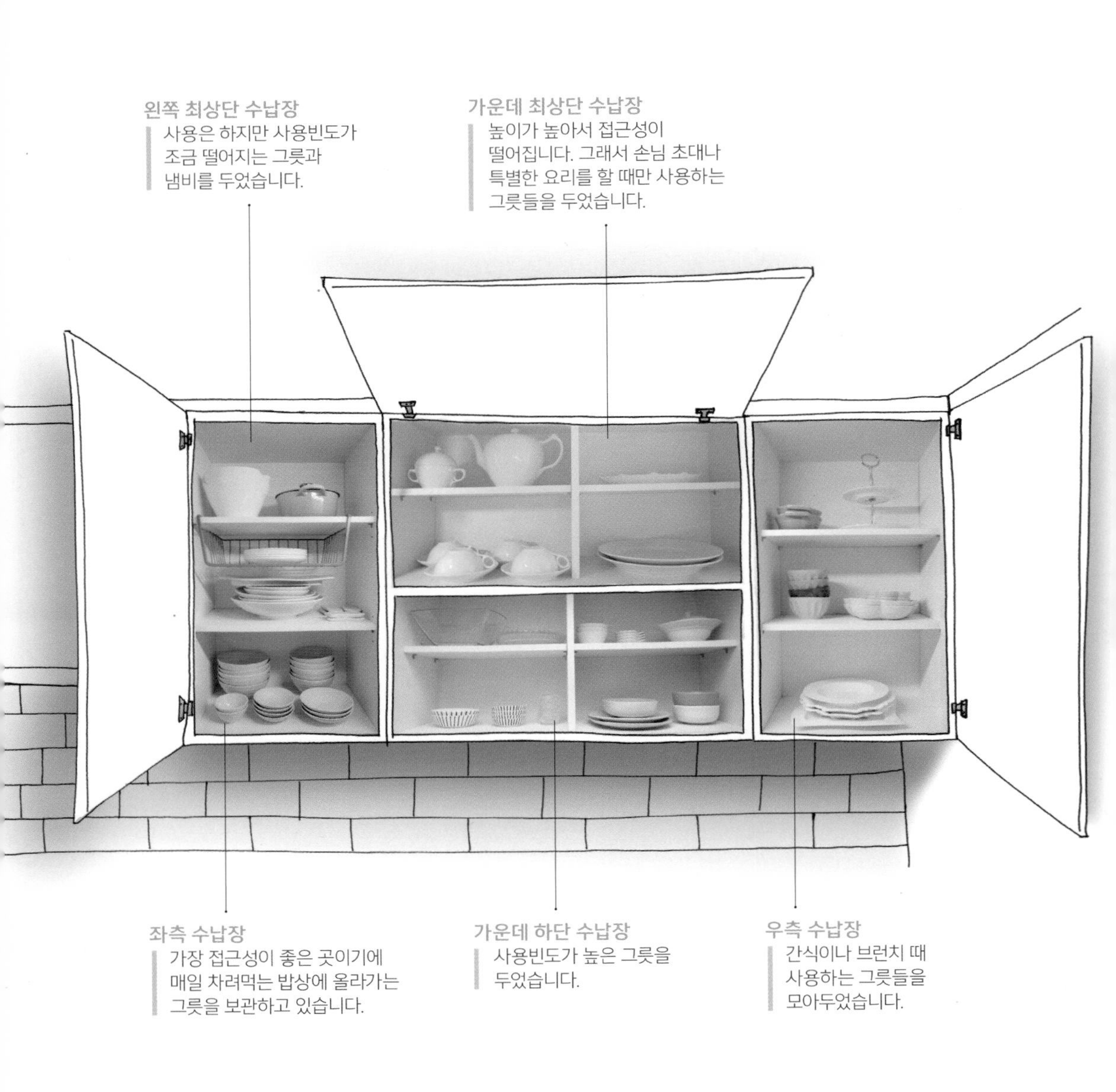
왼쪽 최상단 수납장
사용은 하지만 사용빈도가 조금 떨어지는 그릇과 냄비를 두었습니다.
가운데 최상단 수납장
높이가 높아서 접근성이 떨어집니다. 그래서 손님 초대나 특별한 요리를 할 때만 사용하는 그릇들을 두었습니다.
좌측 수납장
가장 접근성이 좋은 곳이기에 매일 차려먹는 밥상에 올라가는 그릇을 보관하고 있습니다.
가운데 하단 수납장
사용빈도가 높은 그릇을 두었습니다.
우측 수납장
간식이나 브런치 때 사용하는 그릇들을 모아두었습니다.

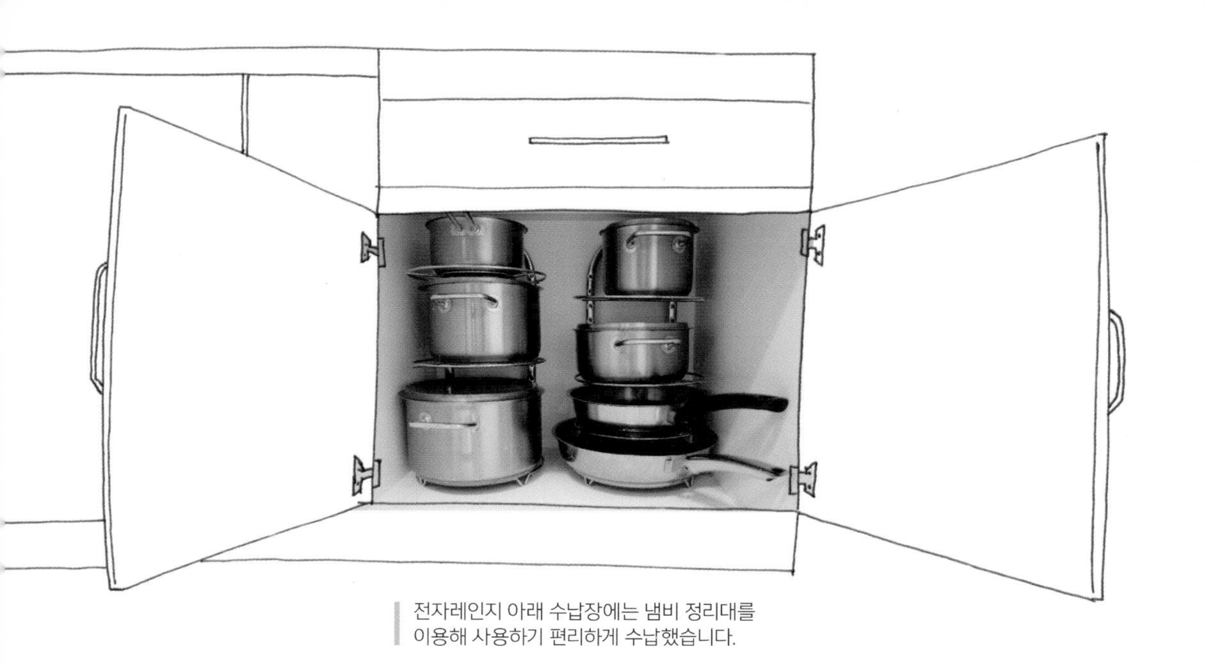

전자레인지 아래 수납장에는 냄비 정리대를
이용해 사용하기 편리하게 수납했습니다.

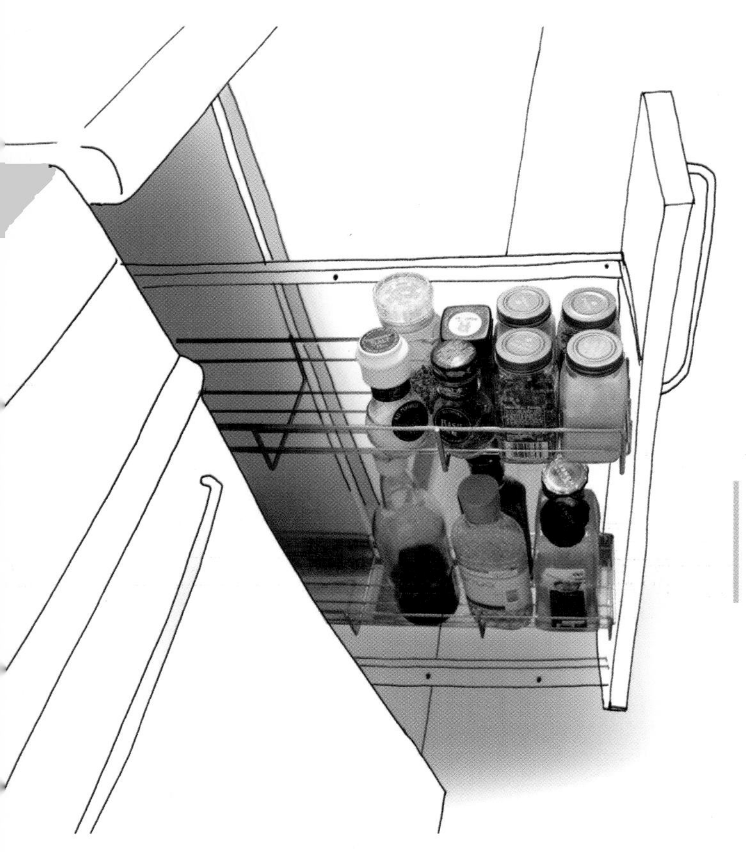

조미료와 향신료, 조리용
오일 등은 전기레인지 바로 옆
팬트리에 넣어서 요리할 때
바로 꺼내 사용할
수 있게 했습니다.

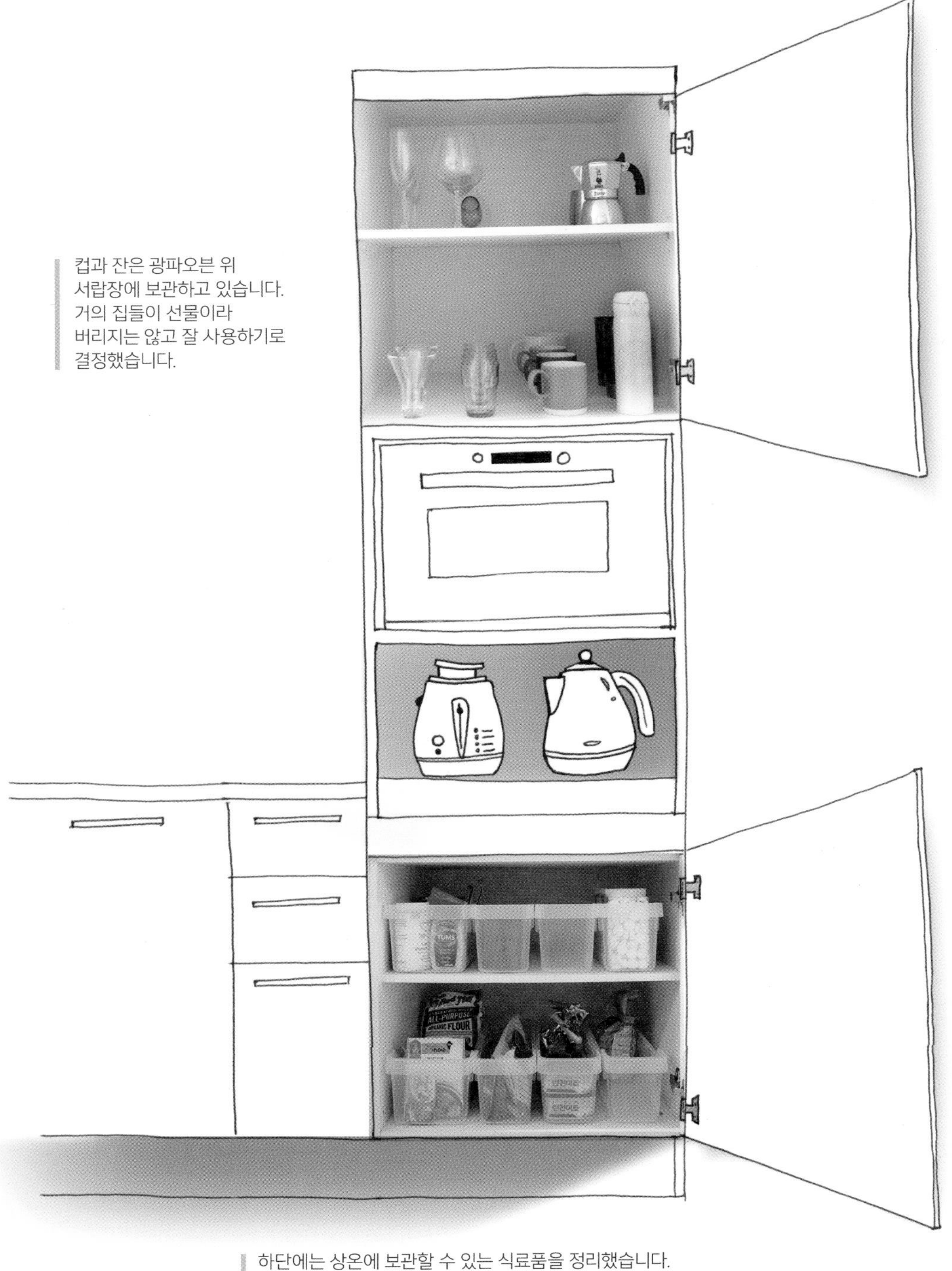

컵과 잔은 광파오븐 위
서랍장에 보관하고 있습니다.
거의 집들이 선물이라
버리지는 않고 잘 사용하기로
결정했습니다.

하단에는 상온에 보관할 수 있는 식료품을 정리했습니다.
이곳 외에는 더 이상의 공간이 필요하지 않게 적당한 양을 구매하고
있습니다. 덕분에 어떤 식료품이 떨어졌는지, 식료품이 얼마나 남았는지를
한눈에 확인할 수 있어 관리하기 편하답니다!

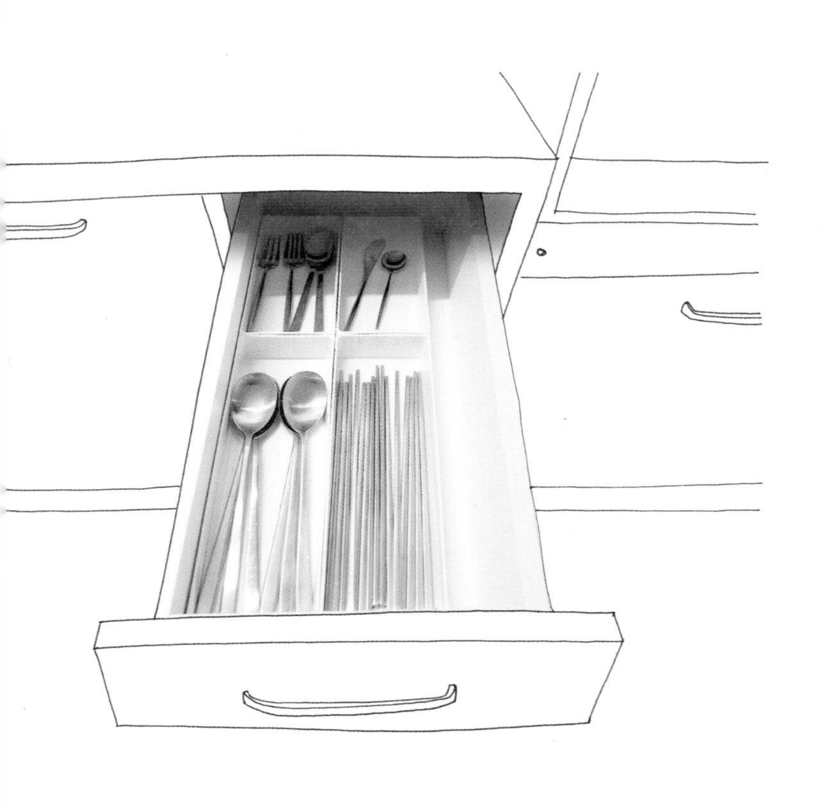

첫 번째 서랍에는 신혼 때 구매해서 지금까지 우리 집 밥상을 책임지고 있는 수저를 수납했습니다. 오래 쓰기 위해 군더더기 없는 깔끔한 디자인으로 구매했습니다. 안쪽에는 커피 스푼, 포크 등을 넣어두었어요.

두 번째 서랍에는 커트러리를 넣어두었습니다. 커트러리만큼은 여러 개를 구비해두어 기분에 따라 꺼내 사용하고 있습니다.

양면테이프 활용하기

모든 수납함이 수납장과 사이즈가 정확히 맞을 수는 없습니다. 때론 타협을 하고 적당한 사이즈로 수납해야 해요. 하지만 수납장을 열 때마다 수납장이 움직이면 정리를 해도 더 어수선해 보이죠. 이럴 때 양면테이프을 활용해서 수납함을 고정해보세요!

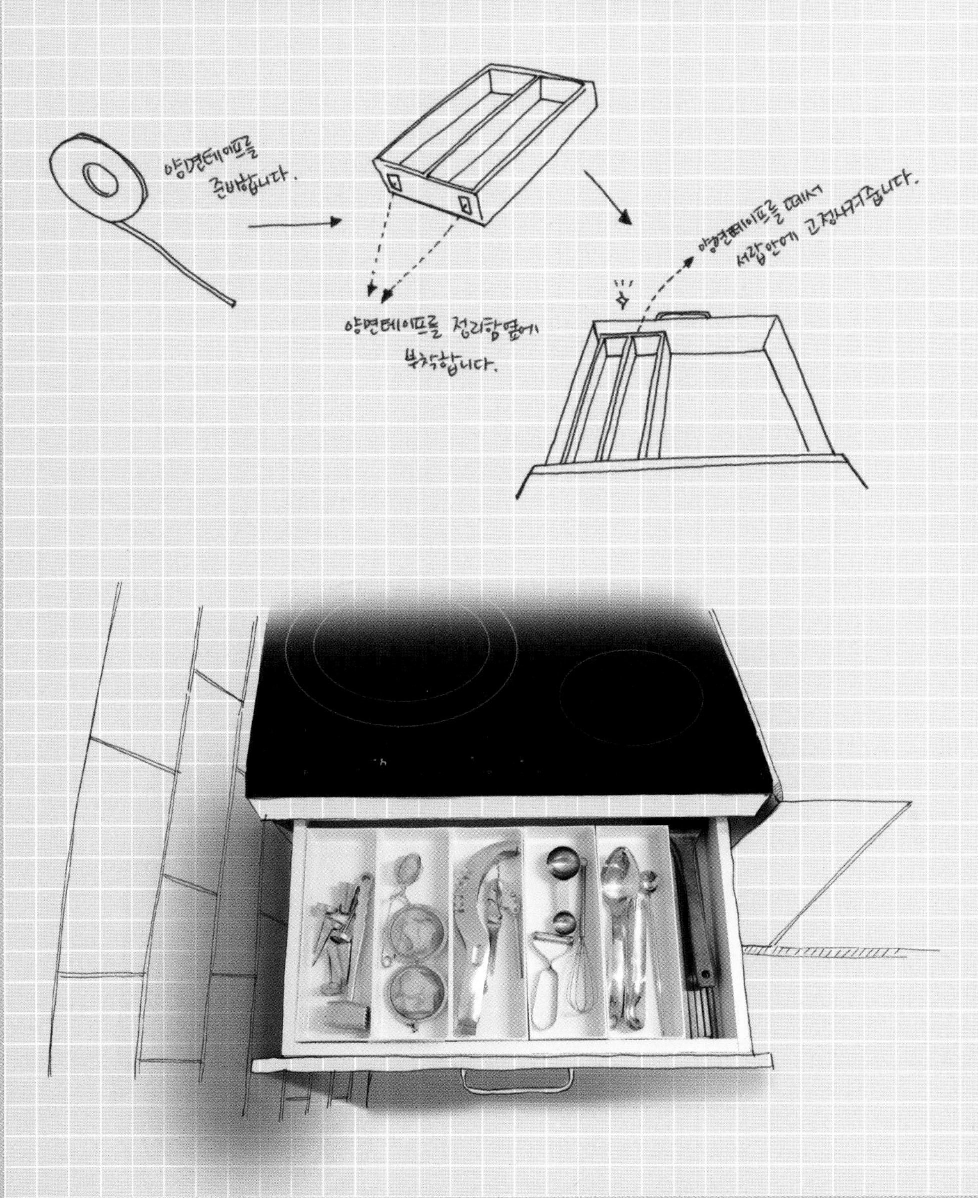

냉장고 제자리 수납

냉장고 내부 사이즈에 꼭 맞는 보관함을 찾아 각 식재료가 들어갈 자리를 만들어주세요. 그리고 수납함 안에 있는 식재료를 다 비우더라도 다음 식재료를 구매할 때까지 그대로 두세요. 각 식재료의 위치를 지정해두는 제자리 수납법입니다. 별도의 수납공간이 필요 없을뿐더러 식재료 관리를 좀 더 체계적으로 할 수 있습니다!

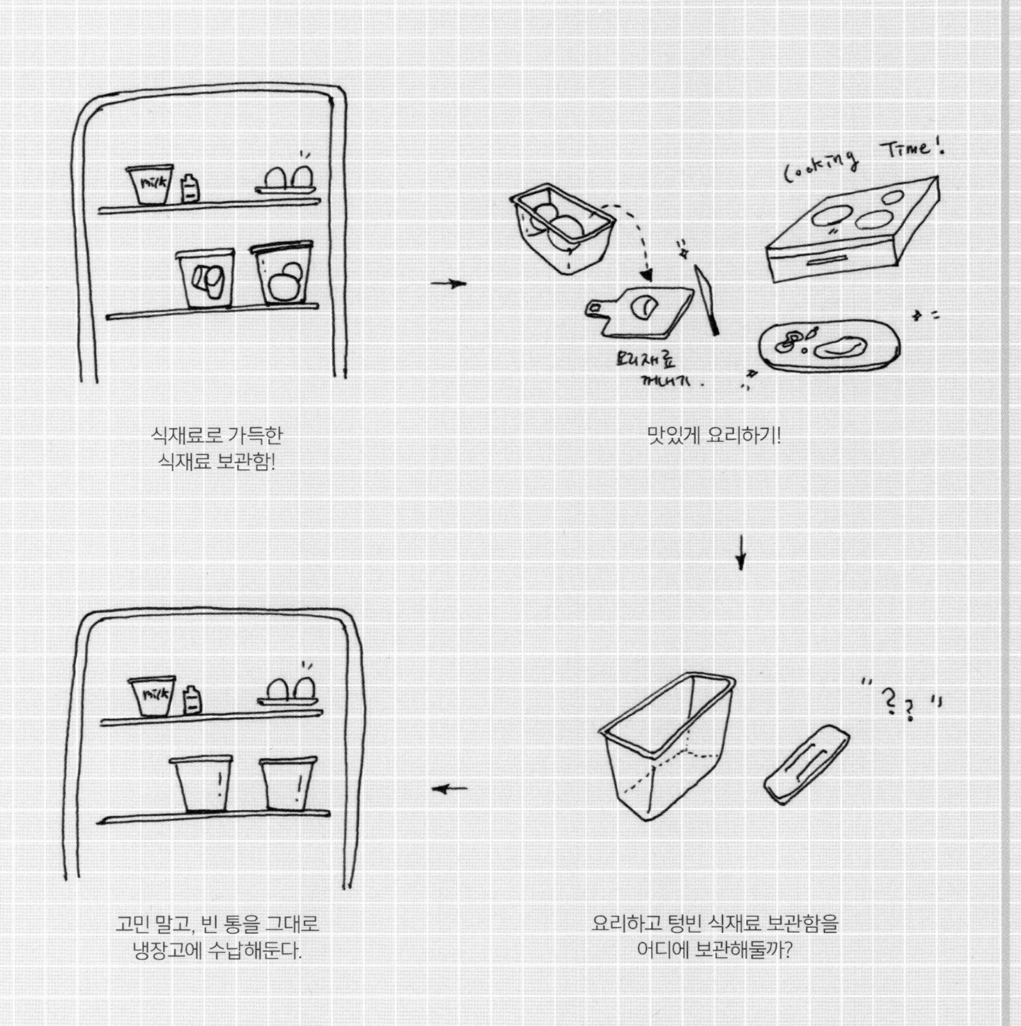

식재료로 가득한
식재료 보관함!

맛있게 요리하기!

요리하고 텅빈 식재료 보관함을
어디에 보관해둘까?

고민 말고, 빈 통을 그대로
냉장고에 수납해둔다.

냉장고 들여다보기

채소를 위한 공간
투명한 통에 담아 한눈에 보이게 해서 상하기 전에 바로 바로 요리해 먹어요.
나만의 반찬고
반찬통은 반찬을 다 먹은 후에도 씻어서 다시 같은 자리에 둡니다. 이것이 제자리 수납!
Organic
우리 집 작은 김치냉장고
별도의 김치냉장고 없이 2개의 스테인리스 보관함으로 김치만을 위한 공간을 마련했어요.

요리가 간편해진 주방이 가져온 변화

제자리 수납을 하면 주방 외관에 그 어떤 물건도 둘 필요가 없어 깨끗한 주방을 만들 수 있습니다. 수납공간에 맞게 용품의 개수를 최대한 줄이다 보니, 이제는 어떤 요리를 해도 필요한 조리기구를 찾는 데 시간을 낭비할 필요가 없어졌어요. 제 욕심을 버린 대신 요리의 편리함을 얻은 느낌입니다. 무엇보다 겹겹이 쌓아둔 그릇을 줄이고 최대한 한번에 꺼낼 수 있게 수납하니 몇 겹의 식기류를 들었다놨다 할 필요가 없어졌습니다.

재료 손질을 편하게 하려고 산 전문적인 조리기구는 개수가 많아지면 오히려 요리를 복잡하게 만든다는 것을 시행착오를 통해 깨달았습니다. 이런 조리기구일수록 사용할 때보다 사용하지 않을 때가 많아 공간만 차지하더라고요. 그래서 집에서는 기본 조리기구로 만들 수 있는 맛있는 집밥 위주의 음식을 만들어 먹고 특별한 조리기구가 필요한 요리는 기구를 구매하는 대신 그 비용으로 분위기 있는 레스토랑에서 즐깁니다.

CUCINA

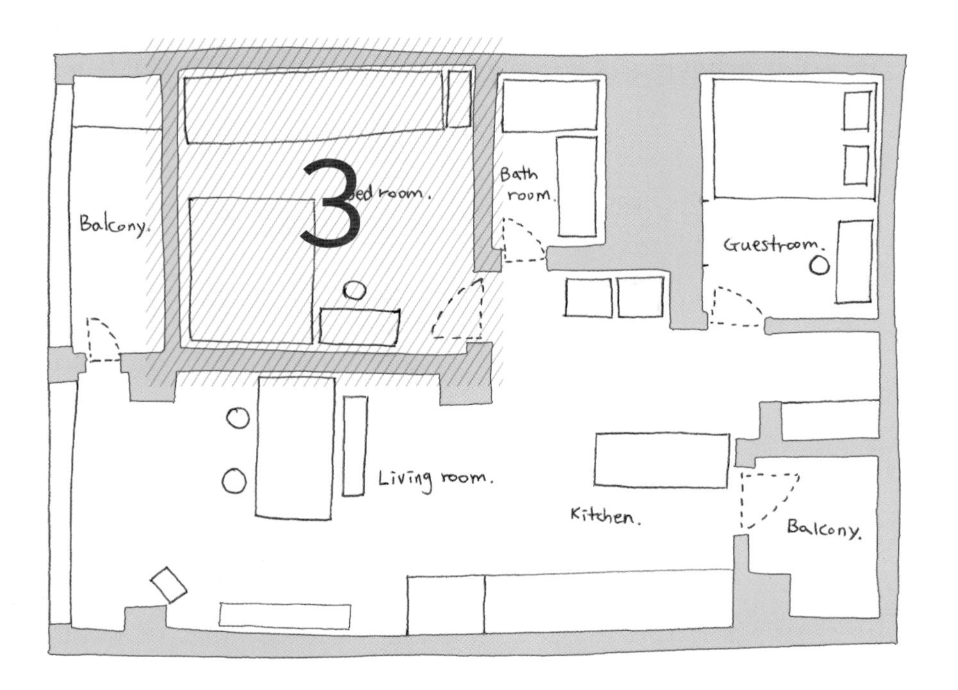
3
Bed room.
Bath room.
Guestroom.
Balcony.
Living room.
Kitchen.
Balcony.

STEP 3

굿바이 공기청정기, 쾌적하고 아늑해진 침실

"우리 안방만큼은 청정지역으로 만들자!"

결혼할 때 남편과 함께 다짐했던 쾌적한 침실 만들기. 하지만 그 다짐은 어느덧 이런저런 자질구레한 소품들로 흐지부지되었습니다. 하루가 멀다 하고 소품에 낀 먼지는 아무리 공기청정기를 튼다고 해도 소용이 없었죠. 그렇게 2년 가까이 살다 보니 아침에 일어날 때마다 코와 목에 먼지가 낀 것 같은 답답한 느낌이 들었어요. 심리적으로 소품들에 눌린 기분에 오랫동안 자고 일어나도 개운하지 않았습니다. 더군다나 옷방을 손님방으로 바꾸게 되면서 안방에 옷가지까지 수납해야 했습니다. 결국 비움노트를 꺼내들었고 차근차근 비워야 할 품목들을 하나씩 찾아가기 시작했습니다.

방 안까지 점령했던 각종 소품들

먼지 쌓인 소품들로 점령당한 침실, 이렇게 비웠어요!

비움노트 활용: 침실편

쾌적한 침실을 위한 비움 / 남김 리스트

비움 리스트

텔레비전, 공기청정기, 수납장 1개, 책선반 1개, 향스프레이 2개, 화병 1개, 벽선반 2개, 스노우볼 6개, 디퓨저 1개, 향초 2개, 기타 장식용 소품 2개, 책 15권, 인형 2개, 액세서리함 2개, 쿠션 2개

남김 리스트

화장대, 침대, 책선반 1개, 펜던트 조명, 옷장, 남편 수납장, 선풍기, 가습기, 스탠드 조명 1개

잠시 스쳐간 인연, 텔레비전

첫 신혼집을 꾸밀 때 텔레비전 없는 집을 만들자고 약속했던 저희 부부. 그러나 순간의 충동을 이기지 못해 한두 푼 하는 가격도 아닌 텔레비전을, 그것도 한정판으로 판매될 때 달려가 첫 번째로 구매했습니다. 당시엔 꼭 필요한 것이라고 생각했겠죠? 그런데 습관이 참 무서운 게 3년 가까이 텔레비전 없이 살다 보니 구입하고도 거의 보지 않는 기이한 상황이 벌어졌어요.

결국 저희 부부에게 텔레비전은 애물단지로 전락했습니다. 신중하지 못했던 결정이라는 걸 깨닫고 만감이 교차했습니다. 미니멀 라이프를 다짐했지만 산 지 1년도 안된 고가 제품을 포기하기엔 너무 아까웠어요. 유혹에 흔들린 스스로를 자책했습니다. 장식처럼 놓인 텔레비전을 바라보며 훗날 더 큰 집으로 이사가면 둘 곳이 있을지도 모른다고 위로했죠. 그렇게 몇 달을 보냈습니다. 그러던 중 물건을 비우기 위해서는 생각을 비우는 게 먼저라는 친구의 문자가 날아 왔습니다.

"가방끈 하나 버리는 데도 오만 가지 생각이 들더라. 생각을 버려야 해, 우선."

백번 고민한 끝에 남편이 먼저 생각을 정리하고 묻더군요.

"팔까?"

"팔자!"

텔레비전 없는 삶에 익숙해져 있던 우리 부부는 이 습관을 유지하기로 결심했습니다. 엄청난 실행력을 지닌 남편은 결정한 당일에 바로 텔레비전을 중고시장에 올렸고, 불행 중 다행인지 10분도 안 돼 팔렸답니다. 그렇게 판매한 돈은 우리 부부에게 새로운 경험을 선물할 여행 적금통장에 쏙 넣어두었어요. 1년도 안되는 짧은 인연이었지만 시원섭섭했던 하루였습니다. 하지만 우리는 언제 그랬냐는 듯이 다음 날 아무렇지 않게 텔레비전 없는 삶으로 돌아왔습니다.

공기청정기도 필요 없는 청정구역 침실 완성!

쾌적한 침실에 아늑함을 주는 스타일링

1. 화이트 침구

안방에서 침대는 가장 많은 면적을 차지하는 가구입니다. 그래서 너무 어둡거나 화려한 침구를 사용하면 자칫 공간이 좁아 보이고 답답해 보일 수 있습니다. 때문에 꼭 화이트 계열이 아니더라도 밝은 계열의 침구를 사용해 공간이 더 깔끔하고 시원해 보이도록 연출합니다.

2. 펜던트 등으로 분위기 있게

우리나라 주거 공간의 천장 높이는 2.3~2.4m밖에 되지 않아 펜던트 등을 달기에 적합하지 않습니다. 하지만 침대는 사람이 눕거나 앉아 있는 공간이기 때문에 펜던트 등을 달 수 있습니다. 미니멀 홈스타일링에서 예쁜 펜던트 조명 하나는 공간에 센스를 불어넣어 줄 최고의 인테리어 소품입니다.

3. 여름엔 선풍기, 겨울엔 가습기 자리 만들기

에어컨이 없는 방에는 여름에 선풍기가 필수입니다. 겨울의 건조함을 덜어줄 가습기도 필수 아이템 중 하나죠. 마음에 쏙 드는 디자인으로 구매해서 계절별로 장식용 소품처럼 공간을 연출해보는 것은 어떨까요? 그러기 위해서는 두 아이템을 놓을 적당한 자리를 마련해줘야 합니다. 이왕이면 콘센트와 가까워 전선이 지저분하게 나오지 않으면 좋겠죠?

4. 옷걸이로 스타일링

침대로 가기 전 깨끗한 잠옷으로 갈아입는 우리 부부. 방문에 미니 옷걸이를 부착해두고 잠옷을 걸어둡니다. 집 안 분위기에 어울리는 옷걸이와 잠옷을 선택하면 이 또한 하나의 스타일링 소품이 됩니다.

소소한 정리·수납 TIP / 화장대와 옷장을 위한 제자리 수납법

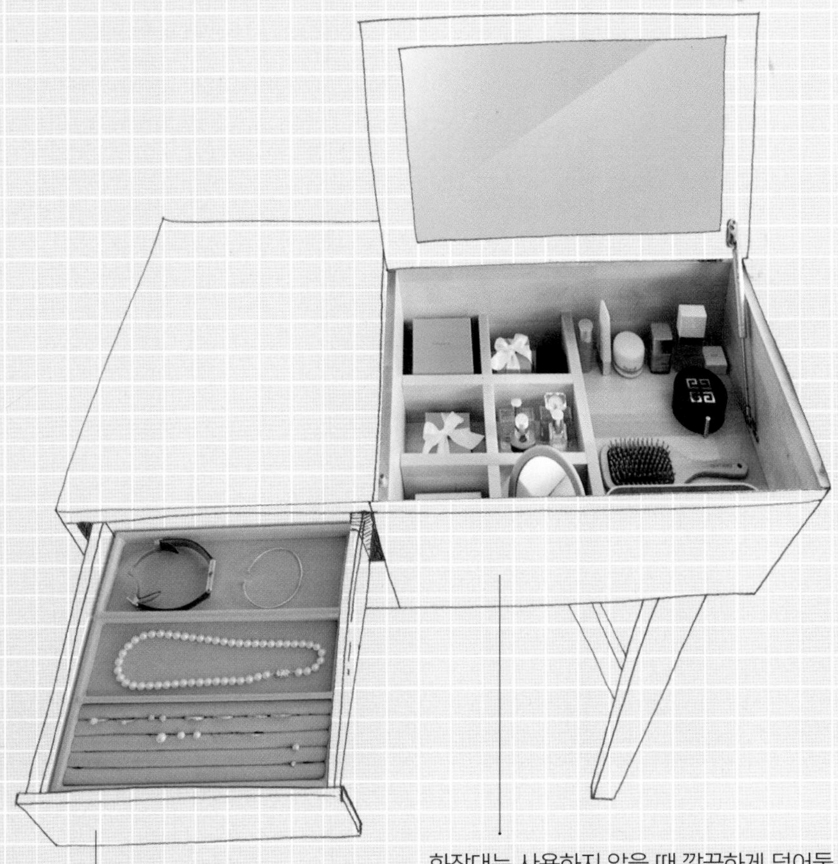

액세서리는 사도 사도 모자랍니다. 자주 없어지기도 하고요. 그래서 자주 착용하는 것만 소중히 보관하기로 했어요. 화장대 왼쪽 넓고 평평한 서랍에 액세서리를 수납해서 넣고 꺼내기 편하게 했습니다.

화장대는 사용하지 않을 때 깔끔하게 덮어둘 수 있는 제품으로 선택했습니다. 화장대 내부는 구역이 나눠져 있는 것을 택해 정리정돈이 쉬워졌어요. 자주 사용하지 않지만 소중한 액세서리는 박스에 담아 보관해둡니다. 저는 특별한 날 외에는 색조화장을 하지 않아 평소엔 화장품이 많이 필요하지 않아요. 그래서 화장품은 한 칸에만 수납했습니다. 가장 소중한 최소한의 액세서리만 남겨 샵처럼 전시하듯 멋지게 수납해보세요.

남편의 물건도 제자리 수납

그냥 보기에도 멋진 시계와 안경, 선글라스 등의 액세서리는 전시하듯 최상단 보관함에 수납했습니다. 각 아이템의 자리를 정해놓는 제자리 수납 덕분에 늘 물건을 둔 곳을 잊던 남편은 더 이상 물건 찾는 일에 시간을 소모하지 않게 되었습니다.

두 번째 서랍에는 매일 들고 다니는 남편의 개인 용품을 잘 정리해서 수납하고 있습니다.

세 번째 서랍에는 양말과 속옷을 깔끔하게 정리, 수납했습니다.

침실 옷장 들여다보기

옷걸이 25개!

첫 번째 옷장은 코트와 점퍼 위주로 수납했습니다. 재킷과 점퍼는 두꺼워서 25벌 이상 수납하면 옷을 꺼내기조차 불편해졌어요. 그래서 25벌로 제한했습니다.

최상단과 하단에는 스키복, 목도리 등 사용빈도가 매우 낮은 의류를 수납함에 담아 깔끔하게 보관했습니다.

바지는 캐주얼한 바지와 정장바지를 나누어 정리합니다. 간편하게 한 번 접어 자주 입는 옷을 가장 위에 두고 차례로 차곡차곡 쌓아 정리합니다.

옷걸이 30개!

두 번째 옷장은 매일 입는 옷 위주로 수납했습니다. 옷가지를 30가지로 제한해 우측 공간에 여유를 두어 다음 날 입을 옷을 미리 옮겨두며 관리합니다.

좌측 수납장에는 다양한 여성용품과 벨트, 스카프 등의 액세서리를 수납함에 넣어 찾기 쉽게 보관합니다.

우측 라탄 수납바구니에는 제가 소중히 여기는 클러치, 핸드백 그리고 모자를 수납합니다. 최하단 바구니에는 때때로 있는 형식적인 자리에 필요한 용품들을 수납하고 있습니다.

옷걸이 50개!

세 번째 옷장은 남편의 공간입니다. 상단에는 가을 재킷과 티셔츠, 하단에는 바지 몇 벌과 겨울 점퍼를 수납했습니다.

최하단 박스에는 겨울 바지, 두꺼운 스웨터 등 겨울옷을 따로 보관해두었습니다.

양측 문에는 매일 들고 다니는 가방과 컴퓨터 가방을 걸었고 상단에는 남편이 애용하는 모자를 걸어두었습니다.

청정구역 침실이 가져온 변화

10개도 안 되는 제품으로 안방을 완성하고 나서 얼마간 지내보니 굳이 공기청정기가 필요없다는 것을 알게 되었어요. 화장대 말고는 청소하는 데 불편을 주는 요소가 없어 매일 청소해도 전혀 힘들지 않고 충분히 간편했기 때문입니다. 오히려 바닥에 놓인 공기청정기 주변을 청소하고 필터를 매번 관리해야 하는 일이 더 불편하더라고요. 자연스레 공기청정기마저 처분했습니다.

"우와, 이제 정말 안방이 청정지역이 된 것 같아. 공기가 달라~."

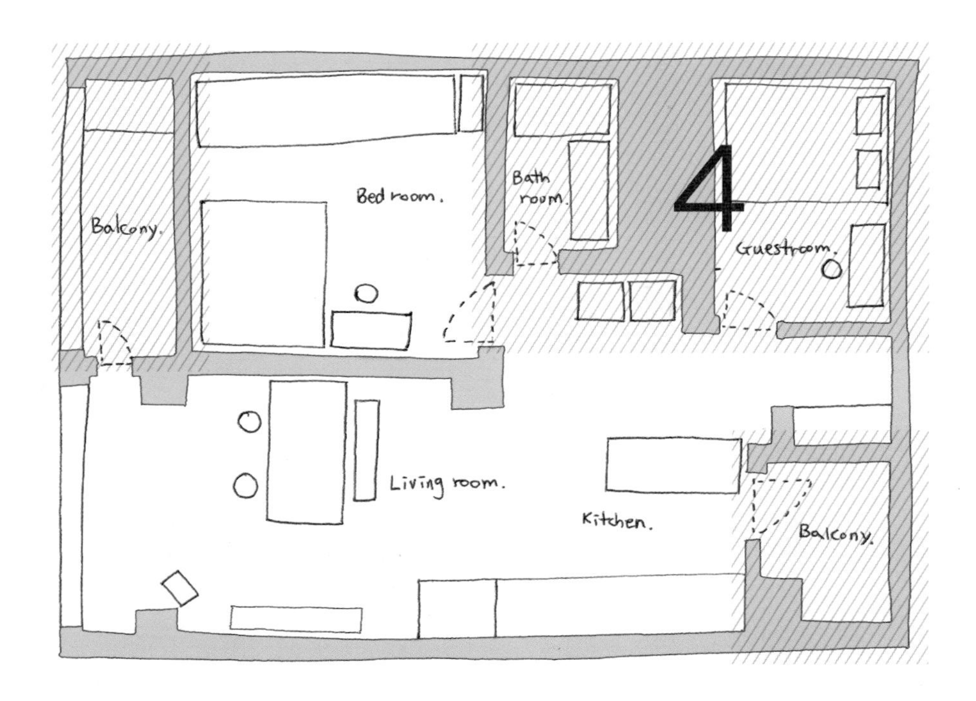
4
Balcony.
Bed room.
Bath room.
Guestroom.
Living room.
Kitchen.
Balcony.

STEP 4

집 안 곳곳에 숨겨진 미니멀 홈스타일링

작은 호텔방으로 변신한 옷방

원래 작은 방은 옷방으로 쓰고 있었습니다. 옷가게처럼 화려한 드레스룸은 아마 많은 여성들의 로망일 거예요. 저 역시 그랬습니다. 많은 옷과 액세서리를 과시할 수 있도록 옷방을 열심히 꾸몄죠. 하지만 정작 저나 남편이나 자주 입는 옷은 정해져 있더라고요. 대부분은 몇 년간 입지 않은 채 자리만 차지하고 있었고 줄어드는 공간에 옷을 꾸역꾸역 넣다 보니 정작 입어야 할 옷을 찾기도 힘들었습니다. 관리도 잘되지 않아서 옷장 문을 한번 열었다 닫으면 옷먼지가 방 안에 가득했고요.

게다가 양가 부모님이 방문해도 마땅히 주무실 곳이 없었습니다. 불필요하게 많은 옷들에 방을 내어주느라 부모님 주무실 곳도 없다니, 죄송스러운 마음에 작은 방을 과감히 손님방으로 바꾸기로 했습니다. 옷걸이 수를 제한해서 옷을 버리고 정리하니 안방에 쏙 들어가더라고요. 사실 따로 옷방을 만들 필요가 없었던 거죠. 이렇게 정리된 옷방은 손님을 위한 작은 호텔방으로 만들기로 했습니다. 꼭 필요한 물건으로만 공간을 채우니 누구에게나 편안한 공간이 탄생했습니다.

손님방 스타일링으로 새로운 경험을 시작하다!

손님방으로 바꾸긴 했는데, 부모님은 가끔 오시니 평소엔 방을 비워두는 경우가 더 많았죠. 그 점이 늘 아쉬웠습니다. 그러던 어느 날 도련님이 뜻밖의 제안을 했습니다.

"형수님, 손님방으로 만든 김에 게스트하우스 한번 해보시는 거 어떠세요? 그러면 새로운 외국인 친구도 사귀고 용돈도 벌고, 일석이조 아니에요?"

도련님 제안에 가장 먼저 마음이 움직인 사람은 남편이었습니다. 남편은 미국에서 일하는 동안 접했던 자연스러운 홈파티 문화가 너무 인상 깊었다며 기회가 되면 꼭 한번 해보고 싶다고 늘 얘기했었거든요. 저 역시 대학시절에 외국인이 홈스테이하는 곳에서 하숙을 한 경험이 있어 외국인 친구를 사귀는 것에 부담이 없었습니다. 조금은 두렵지만 막연한 기대감으로 시작한 게스트하우스. 하지만 지금은 우리 집 손님방에 찾아온 외국인 친구들과 주말엔 종종 같이 놀러가기도 하고, 정이 많이 든 친구와는 SNS로 안부를 물으며 새로운 경험을 즐기고 있습니다.

손님이 없을 때는 저의 꿈을 실현해줄 작은 작업공간으로 탈바꿈합니다.

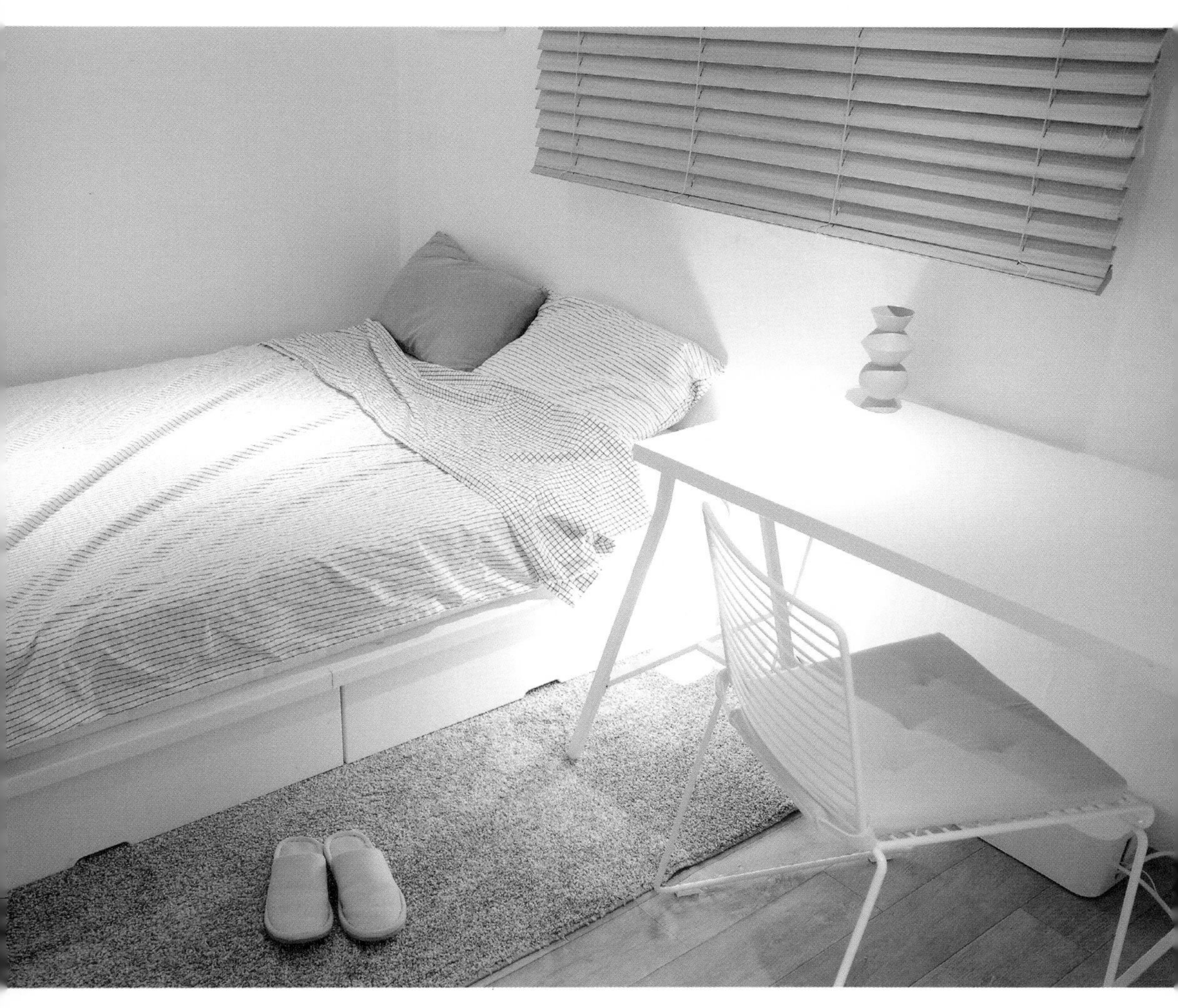

손님을 위한 아늑한 방으로 변신!
헤드가 없어 심플하면서도 수납공간이 있는 실용적인 침대를 마련했습니다.

간단한 스타일링만으로 전셋집 화장실도 깔끔하게

전셋집 화장실은 미니멀 홈스타일링에서 가장 어려운 공간입니다. 심플하면서도 멋진 화장실을 만들기 위해서는 시공이 차지하는 비중이 매우 크기 때문이죠. 때문에 화장실을 예쁘게 만들기보다 최대한 깔끔한 공간을 만드는 데 스타일링의 방향을 맞췄습니다.

거울과 수납장만 바꿔도 확 달라진다!

화장실 공간을 답답해 보이게 하는 가장 큰 주범은 탱크같이 크고 오래된 화장실 수납장입니다. 오래된 수납장은 촌스러울 뿐만 아니라 동선을 가로막고 있어 떼어내고 싶지만 생각보다 공사가 클 거 같아 고민이 되죠. 하지만 이 수납장을 떼어내는 것은 생각보다 쉽습니다. 그저 액자 떼어내듯이 수납장을 들어올려 떼어내면 되거든요. 오래된 수납장을 떼어내고 깔끔한 선반으로 교체해보세요. 공간이 훨씬 시원해집니다.

화장실에 설치되어 있는 거울 역시도 분리가 간편합니다. 유리를 잡아주는 클립이 있는데 좌우가 터져 있어 한쪽 방향으로 밀면 쉽게 분해할 수 있습니다. 떼어낸 자리에 포근한 느낌이 나는 나무 프레임 거울을 두면 따뜻한 공간을 만들 수 있습니다.

이전 수납장과 거울은 창고에 잘 보관해두었다가 이사 갈 때 제자리에 돌려놓으세요. 다음 집에서도 같은 소품을 이용해 똑같이 스타일링할 수 있답니다!

수납함 활용해 화장실 내부 깔끔하게 만들기

화장실을 어수선하게 만드는 또 다른 적은 형형색색의 샴푸, 린스 등 다양한 용품입니다. 이 많은 용품들이 이곳저곳 놓여 있기 때문에 화장실은 늘 정신 없는 공간으로 보이곤 하죠. 최소한의 용품만 선택해 심플한 용기에 담고 나머지 욕실용품들은 수납함에 보관해 깔끔한 화장실을 완성해 보세요.

욕실 수납함

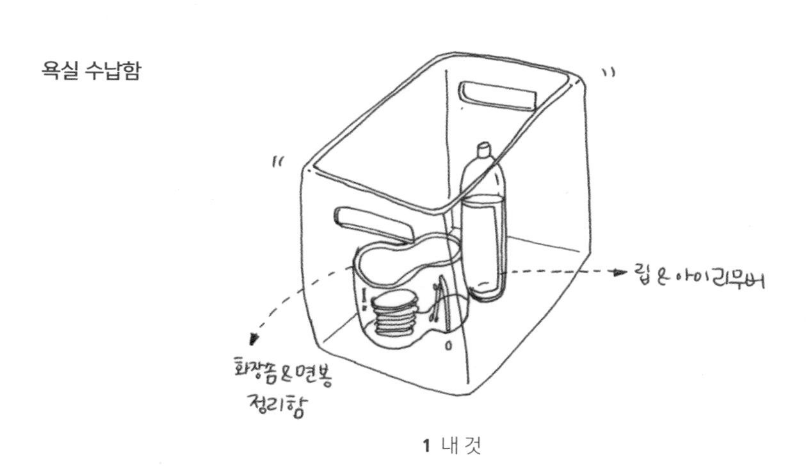

1 내 것

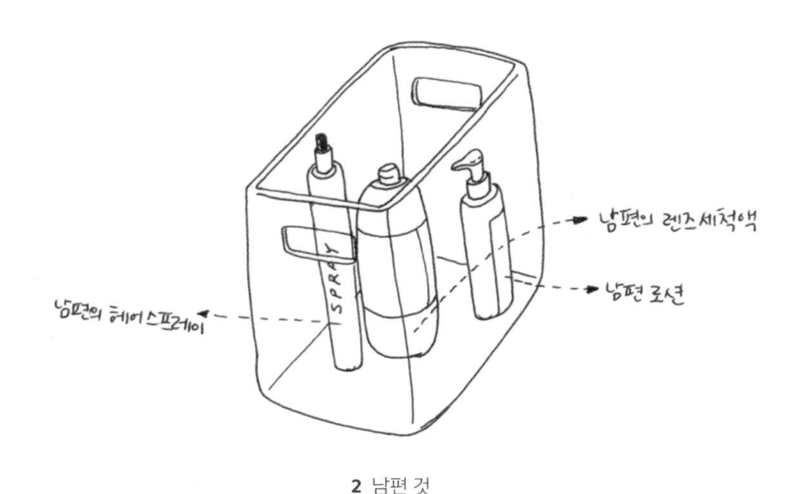

2 남편 것

우드 프레임의 선반 겸 거울을 설치해 실용적이면서도 넓고 시원한 느낌을 줍니다.

선반 위에는 칫솔, 치약, 탈취제 등 꼭 필요한 용품만 남깁니다.

샴푸, 린스, 바디솝은 똑같은 용기에 담아 정돈된 느낌을 줍니다.

수납공간이 없어서 라탄 바구니에
목욕용품을 보관했습니다.

베란다는 창고가 아니다! 비좁은 베란다 활용법

베란다는 참 소중한 공간입니다. 베란다가 없다면 원치 않는 빨래건조대가 깔끔한 거실을 떡하니 차지하게 될 테니까요. 그렇게 때문에 미니멀 홈스타일링에서 베란다는 주인공 격인 거실을 위해 없어서는 안 될 스태프 같은 존재와도 같습니다.

베란다에는 빨래를 널어야 하기 때문에 자주 청소해서 청결함을 유지해야 합니다. 그래서 건조대 외에는 아무것도 두지 않아 쉽게 청소할 수 있도록 했습니다.

이렇게 집안 곳곳에 숨겨져 있던 총 200개의 아이템을 비웠습니다!

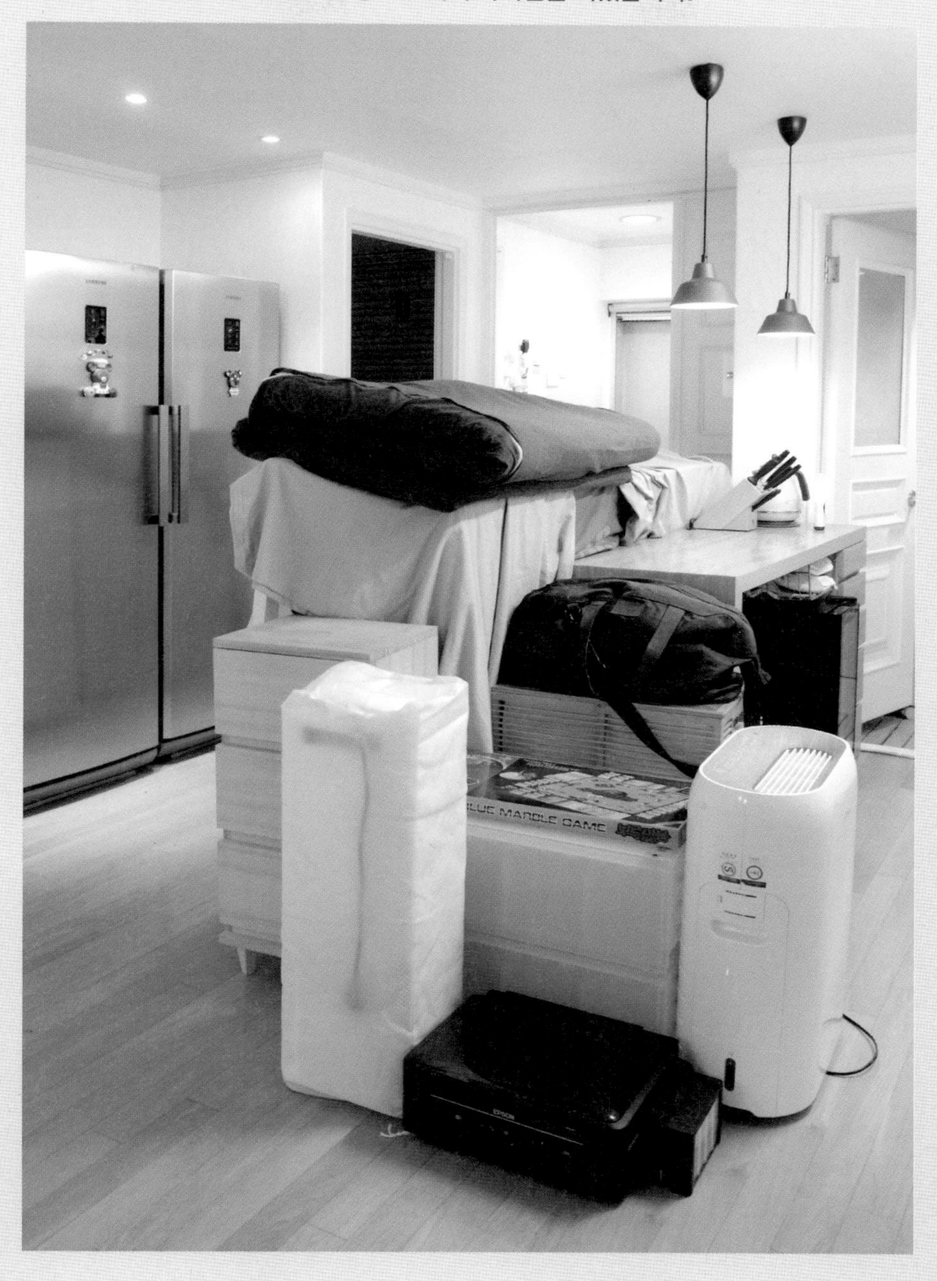

STEP 5 미니멀한 공간과 조화를 이루는 우리 집 필수 아이템

빨래바구니도 멋진 홈스타일링 소품으로

여러분은 빨래 분류를 어떻게 하나요? 인터넷을 찾아보면 분류 방식이 다양하더라고요. 하지만 정답이 있다기보다 자신에게 맞는 스타일을 찾는 게 중요합니다.

저는 현재 빨래를 5가지 분류로 나누고 있습니다. 사실 '5분류함'을 갖추기 전까진 남편과 마찰이 잦았어요. 첫 번째 신혼집에서 아무 생각 없이 장만한 2분류 빨래함과 라탄 바구니는 우리 부부의 서로 다른 빨래 분류법을 충족시키지 못했습니다. 남편은 자신의 양말과 속옷을 제 것과 분리하고 싶어했고 수건 집착녀인 저는 수건은 꼭 따로 분류해야 한다는 고집이 있었거든요. 그러다보니 빨래함에 빨래가 뒤섞이면 서로에게 괜한 잔소리를 늘어놓게 되었습니다. 불행인지 다행인지 스트레스의 주범이었던 빨래함은 내구성이 약해 금방 폐기해야 했습니다. 이런 우여곡절 끝에 두 번째 빨래함은 좀 더 치밀하게 준비하게 되었죠.

남편과 나의 니즈를 만족시키는 '5분류 빨래함' 마련하기!

먼저 '내구성, 실용성, 디자인을 갖춘 5년 이상 사용 가능한 제품'이라는 기준을 마련하긴 했는데, 만족할 만한 제품을 찾기란 쉽지 않았습니다. 무늬가 없는 화이트나 밝은 그레이 또는 우드 계열의 편안한 컬러이면서 조형적으로도 심플하고 편리함과 튼튼함을 갖춘 빨래함이어야 했거든요. 시간이 좀 걸리긴 했지만 밝은 계열과 어두운 계열 옷을 분리해서 담을 수 있으면서도 견고하면서도 예쁜 우드 빨래함과 우리 부부의 까탈스러운 양말, 속옷, 수건 분류법을 모두 충족시킬 만한 모듈 빨래함을 찾았을 땐 얼마나 기뻤는지 모릅니다. 이렇게 꼼꼼하게 고른 제품들은 2년이 넘는 지금까지도 잘 사용하고 있습니다.

우리 집 5분류 빨래함에는 남편과 저의 속옷과 양말을 분리해서 담고,
수건도 따로 담아놓아 세탁할 때 편리합니다.

속옷

양말

수건

우드 빨래함에는 밝은색과 어두운 색 빨랫감을 나누어 담습니다. 빨래함 내부는 분리가 용이하고, 통풍도 잘되어 편리합니다.

밝은 계열

어두운 계열

집안 분위기와 잘 어울리는 빨래 바구니는 중요한 스타일링 소품으로 활용되고 있습니다!

있는 듯 없는 듯 편리하고 깔끔한 무선 청소기

"가위, 바위, 보!" 청소기를 돌려야 할 때면 남편과 늘 가위바위보를 합니다. 그러다 지면 정말 하기 싫은 청소기를 돌려야 했습니다. 둘 다 청소하는 걸 싫어해서 청소기 코드를 꽂는 것조차 귀찮아했죠. 게다가 청소기의 무게중심이 손목에서 멀다 보니 무게가 손목에 그대로 전달되어 방향을 전환할 때마다 청소기가 천근만근 무겁게 느껴졌습니다. 그러다 보니 청소기 돌리는 일은 정말 하기 싫었어요. 그렇게 꾸역꾸역 돌려왔던 청소기는 불행인지 다행인지 결국 고장이 납니다. 하지만 왜 내심 반가운 마음이 드는 걸까요?

조금은 설레는 마음으로 새로운 청소기를 찾아봤습니다. 이번에는 꼭 내 마음에 쏙 드는 제품을 찾겠다고 다짐하고 이전의 경험을 되살려 청소기의 기준을 정했습니다.

- 어느 공간에 두어도 잘 어울리는 디자인의 무선 청소기
- 가볍고 무게중심이 손목과 가까워 방향 전환이 편리한 청소기

이런 기준으로 찾아낸 청소기로 '귀차니스트' 부부에게 놀라운 변화가 찾아옵니다. 코드를 꽂을 필요 없이 바로 시작 버튼만 누르면 되니 틈틈이 지저분한 것이 보이면 빗자루 가져오듯 청소기를 가져와 돌립니다. 무게도 가벼워 들고 다니기 쉽고 충전 단자도 허리높이에 있어 충전할 때 몸을 굽히지 않고 그저 꽂기만 하면 되니 이보다 더 편리할 수 없죠. 게다가 심플한 디자인은 어느 공간에 두어도 튀지 않고 잘 어울립니다.

청소기 하나를 바꿨을 뿐인데 청소 횟수는 자연스럽게 늘었고 이제는 더 이상 가위바위보를 하지 않고도 집을 깨끗하게 유지할 수 있게 되었습니다. 흡입력만 좋은 무거운 유선 청소기보단 불편하지 않을 만큼의 흡입력에 가볍고 깔끔한 디자인의 무선 청소기가 우리 부부에게는 훨씬 적합했습니다.

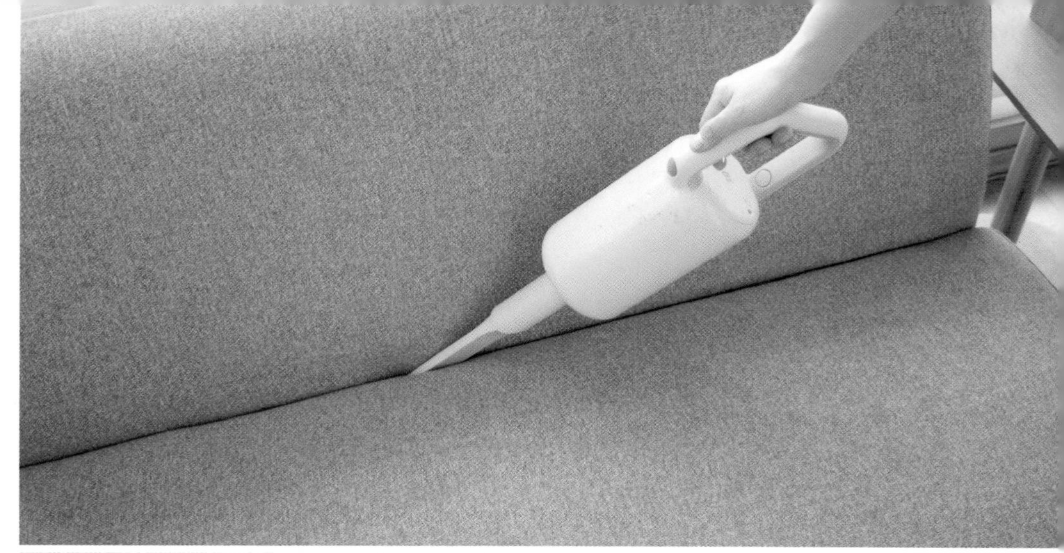

공간에 어울리는 필수
아이템 하나는 장식용 소품
10개보다 낫습니다!

값싼 비닐우산과 구둣주걱, 이렇게 활용하자

"뭐야, 우산 또 잃어버렸어?"

저희 남편은 우산을 들고 나가기만 하면 잃어버리기 일쑤였습니다. 제가 아끼던 고급 우산마저 얼굴 한번 보지도 못한 이에게 기부하고 오는 남편 때문에 더 이상 고급 우산은 사지 않기로 했습니다. 대신 언제 잃어버려도 부담이 덜한 값싼 비닐우산을 남편 것과 제 것, 딱 두 개만 구매했죠. 비록 내구성은 떨어지지만 고장나기도 전에 잃어버리는 것보다 나았습니다. 그리고 투명한 비닐과 하얀 손잡이의 깔끔한 디자인 덕분에 장식용 소품으로도 충분히 가치가 있었습니다. 우산 보관장소를 손에 닿기 편한 곳에 두어도 지저분하지 않게 공간을 연출할 수 있죠. 추가로 우산 디자인에 어울리는 깔끔한 구둣주걱을 구비해 걸어두니 매일 아침 신발 신는 게 정말 편해졌습니다.

우리 집 미니멀 홈스타일링 아이템 알짜정보

	거실	브랜드 / 판매처	제품명	가격	사이즈
1	선반	이노메싸	스트링선반	162만 원	1600 x 2000 x 300mm
2	테이블	예딤가구	베이지 퍼니쳐 커뮤니티 테이블	76만 원	1800 x 800 x 720mm
3	의자	헤이/루밍	HEE DINING CHAIR	26만 원	475 x 500 x 790mm
4	의자	노먼 코펜하겐 / 이노메싸	FORM CAHIR	38만 원	480 x 520 x 780mm
5	벤치	도이치	도이치 피스커 벤치	12만 원대	1000 x 400 x 447mm
6	조명	카사인루체	아리스	18만9천 원	400파이
7	시계	넥스타임	Hands	6만 원	700mm
8	커피머신	일리	프란시스 x 7.1	20-40만 원	200 x 340 x 350mm
9	스피커	뱅앤올룹슨	베오플레이 A8	130-160만 원	661 x 239 x 164mm
10	에어컨	삼성	Q9000	100만 원대	363 x 1883 x 294mm
11	티슈케이스	주미네	블루 리넨 티슈케이스	1만5천 원	260 x 130 x 130mm
12	티슈케이스	코코로박스	펠트 베이직 티슈케이스	1만5천 원대	240 x 120 x 120mm
13	우드새	퍼니매스	송버드	9만 원	270 x 88 x 270mm
14	수납함	시스맥스 마이룸정리함	오페라 대형	2만6천 원대	445 x 297 x 150mm
15	사이드선반	헤이 / 이노메싸	DLM side table / small	26만 원	482 x 482 x 495mm
16	리모컨 거치대	시스맥스	마이룸 월포켓 1호	1만 원대	143 x 56 x 112mm

	주방	브랜드 / 판매처	제품명	가격	사이즈
1	냉장/동고	삼성, 콜렉션 시리즈	RR35H61007F RZ28H61507F	각 70만 원대	1800 x 800 x 720mm
2	아일랜드 테이블	온움가구	맞춤가구	50만 원대	1200 x 500 x 850mm
3	아일랜드 테이블 조명	Made by hand / 이노메싸	Workshop Lamp W2, (Ø18cm)	20만 원대	18파이
4	싱크대 쪽 조명 1	메가룩스	도이치 피스커 벤치	10만 원대	28 파이
5	전기레인지	지멘스	ET651TK11E	140만 원대	590 x 520 x 51mm
6	전자레인지 오븐	엘지	MA324BWS	40만 원대	700mm
7	토스터기	드롱기	아이코나빈티지 코스트	14만 원대	200 x 340 x 350mm
8	전기주전자	드롱기	아이코나빈티지 전기포트	15만 원대	230 x 230 x 265mm
9	주방 칼 세트	행켈	행켈 5스타 7종 세트	35만 원대	115 x 240 x 200mm
10	조리기구 세트	휘슬러	매직 조리도구 6종 세트	35만 원대	280 x 425mm
11	쓰레기 및 분리수거함	무인양품	더스트 박스	2만 원대	210 x 420 x 360mm
12	세제 디스펜서	무인양품	용기 리필용	5천 원대	약 250ml
13	식기건조대	-	화이트 식기건조대	2만 원대	395 x 305 x 158mm
14	음식물 처리함	스토피아	음식물 쓰레기 수거함	1만3천 원	160 x 130mm
15	수세미 건조함	-	재팬 스텐 수세미 바구니	8천 원대	170 x 110 x 70mm

	침실	브랜드 / 판매처	제품명	가격	사이즈
1	화장대	시세이	퍼니멜로우	61만2천 원	1000 x 450 x 795mm
2	수납장	온옴가구	맞춤제작	55만 원	400 x 600 x 850mm
3	겉커튼	메종드룸룸	격자무늬 라이트 베이지 암막커튼	23만6천 원	3400 x 2300mm
4	속지커튼	메종드룸룸	밀키 쉬폰 속지커튼	12만 원대	3400 x 2300mm
5	펜던트 조명	이케아	MASKROS	8만 원대	55cm
6	거울	무인양품	벽걸이 가구 및 거울 S.	6만 원대	320 x 440 x 20mm
7	선풍기/ 가습기	발뮤다	레인 화이트/ 그린팬 화이트x그레이	49만9천 원 34만9천 원	350 x 350 x 374mm 300 x 320 x 867mm

	그외 공간	브랜드 / 판매처	제품명	가격	사이즈
1	손님방 침구	에셀바움	벨루아 침구, 미니그리드 침구	각 20/17만 원대	침구 2000 x 2300mm 베게 500 x 700mm
2	손님방 화이트 테이블	이케아	LINNMON/ LERBERG	5만6천 원대	1500 x 750 x 740mm
3	청소기	플러스마이너스제로 (- +-0)	Y010	29만 원	200 x 139 x 995mm
4	우드 빨래바구니	까사미아	데일 사각 햄퍼	14만5천 원	533 x 330 x 610mm
5	화장실 거울	마켓비	선반형 거울	12만 원	1000 x 600mm
6	칫솔꽂이	무인양품	칫솔 스탠드	5천 원대	40 x 30mm
7	화장실 라탄 바구니	한샘	내츄럴 라탄 바스켓	4만6천 원대	345 x 260 x 300mm

02

비우기부터 스타일링까지!
누구나 손쉽게 할 수 있는 '미니멀 홈스타일링'

최소의 것으로 최대의 효과를

셀프 집 꾸미기는 꽤 오랫동안 인기를 얻고 있습니다. 업체에 맡기는 것보다 낮은 가격으로 집을 꾸밀 수 있다는 점이 아마 큰 이유겠죠. 하지만 '셀프 = 낮은 비용'이라는 등식에는 쉽게 간과할 수 있는 점이 있습니다. 여기에는 자신의 시간과 노력에 대한 비용이 포함되어 있지 않다는 것이죠. 전문가에게 의뢰할 때 발생하는 무형의 인건비, 노하우, 디자인 등을 모두 스스로 해야 하니까요.

그러므로 자신의 소중한 시간을 할애할 만큼 열정이 있는 게 아니라면 쉽지 않은 일입니다. 인테리어 공사를 할 때는 하나 하나 직접 자재를 찾고, 공사 일정을 조율하고, 현장에 가서 감리까지 해야 합니다. 어찌어찌 인테리어 공사가 끝나도 홈스타일링할 때 자신이 생각하는 예쁜 제품을 합리적인 가격에 구매하려다 보면 가구 하나를 찾는 데도 발품, 손품을 팔아야 하고요. 그러다 지쳐 중간에 흐지부지되기도 합니다. 시간과 비용은 쓸 만큼 쓰고도 만족할 만한 결과를 내지 못하는 경우가 더러 생기죠.

지금 이 순간에도 시간을 낼 수 있을지 두렵기도 하고, 자신의 감각을 믿지 못해 스스로 도전하기를 주저하는 분들을 위해 제가 그동안 고객들의 홈스타일링을 하며 쌓은 정보와 노하우를 공유하고자 합니다. 미니멀 홈스타일링은 '최소의 것으로 최대의 효과를 내는 것'이 목적이기에 바쁜 일상 속에서 간소하고 편안한 라이프스타일을 추구하는 분들에게 추천합니다.

무조건 '올(All) 수리'를 해야 하나요?

사실 전세나 월세에 사는 분들의 공통적인 고민은 집을 마음대로 고치기 힘들다거나, 설사 가능해도 내 집이 아닌데 많은 비용을 들이기가 부담스럽다는 것입니다. 하지만 무조건 전체를 다 수리해야 원하는 집을 만들 수 있다는 생각은 버려도 좋습니다. 도배와 바닥 그리고 시트지 정도만 바꿔도 충분합니다. 아무리 좋은 자재를 써도 내 생활이나 취향에 맞지 않다면 편안하지 않습니다. 아무리 좋은 가구나 아이템이 있어도 집의 분위기와 맞지 않다면 없느니만 못합니다. 오히려 시공비를 절약해서 집의 분위기에 잘 어울리고 오래 쓸 수 있는 필수 아이템을 구비하기를 권합니다. 시공 없이도 내 마음에 쏙 드는 기품 있는 아이템들이 집을 감각적으로 만들어줄 것입니다.

빈 공간의 가치

미니멀 홈스타일링은 자신에게 가장 소중한 최소한의 물건들로 공간을 꾸미는 일입니다. 자꾸 더하고 장식하는 것이 아니라 공간을 깔끔하고 정갈하면서도 포근하게 만들어가는 과정입니다. 때문에 미니멀한 공간 만들기는 항상 '채우고 싶은 욕심'과의 싸움 같아요.

빈 공간을 이런저런 아이템들로 가득 메우고 싶은 욕심. 집 안을 둘러보세요. 선반 위에 장식용 소품들이 가득 놓여 있고 억지로 수납공간을 만들어 무엇인가를 보관하고 있지 않나요? 어쩌면 공간 활용을 잘하고 있다는 느낌이 들지도 모릅니다. 공간 사용률이 100%에 달하면 뿌듯하기까지 합니다. 하지만 한편으로는 시각적으로나 심리적으로 답답하고 압박받는 느낌이 들지는 않나요?

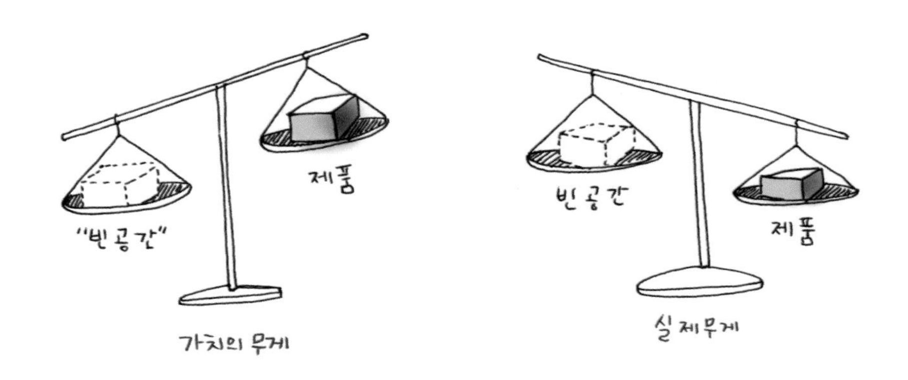

예를 들어 자동차 제원에 5인승이라고 적혀 있어도 정말 5인이 다 타면 참 비좁게 느껴지죠? 오히려 4인이 타야 쾌적합니다. 빈 공간도 필요공간이기 때문입니다. 출퇴근 시간에 타는 지하철이 지옥철이라고 불리는 이유도 사람과 사람 사이에 최소한으로 필요한 공간이 사라졌기 때문 아닐까요?

빈 공간은 우리에게 쾌적함, 안정감 그리고 편안함을 주는 매우 중요한 요소입니다. 그리고 빈 공간은 비단 사람과 사람 사이에서만 중요한 것이 아닙니다. 우리가 살고 있는 집에 놓인 물건들 사이에도 꼭 필요한 공간입니다. 여백이 있는 집이야말로 들어오자마자 편안함을 주는 진정한 안식처가 됩니다.

빈 공간의 가치를 알고, 소중히 여기는 것이 시작입니다. 꼭 필요한 물건이 아니라면 물건 대신 빈 공간에 욕심을 부려보세요.

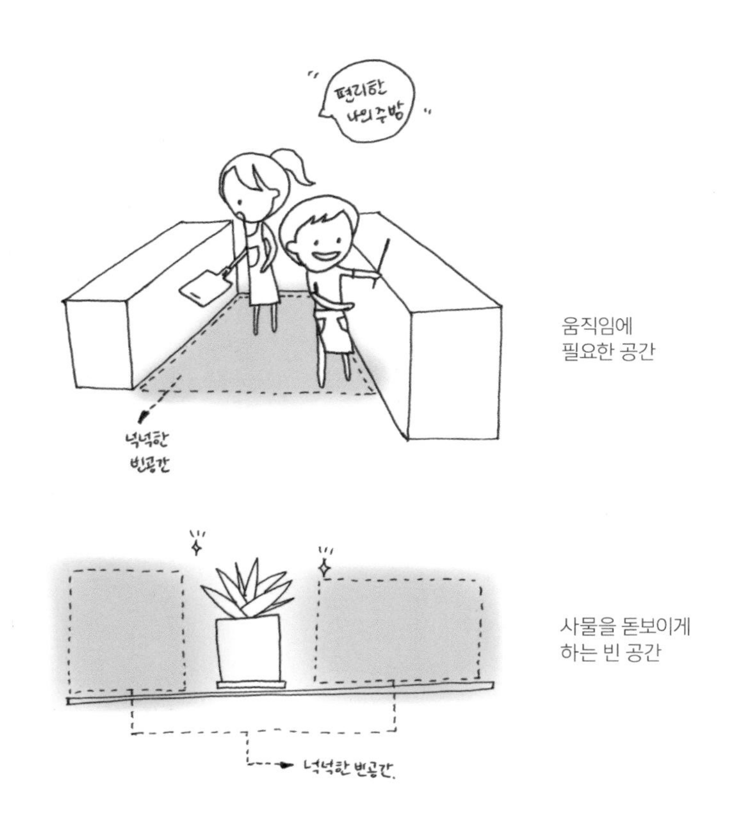

STEP 1

최소한의 컬러로 공간 컨셉 정하기

미니멀 홈스타일링은 다양한 색으로 개성 넘치는 공간을 연출하기보다 컬러를 절제하되 어떤 색을 어떤 비율로 사용할까를 고민하는 것이 더 중요합니다. 맛있는 요리를 만들기 위해서 각 재료의 비율이 중요한 것처럼 말이죠.

전반적인 컬러의 선택은 생각보다 단순하고 쉽습니다.

1 화이트 + 우드

2 화이트 + 그레이

3 화이트 + 블랙

4 화이트 + 그레이 + 우드

보통 화이트, 그레이, 블랙, 우드의 4가지 색상으로 자연스러운 연출이 가능하죠. 하지만 각 색의 사용 비율을 생각하기 시작하면 좀 더 많은 고민이 필요합니다. 그레이 컬러 하나만 해도 명도나 채도 비율에 따라 밝은 그레이, 어두운 그레이, 따뜻한 그레이, 차가운 그레이로 나뉘고, 화이트 우드 컨셉으로 집을 꾸민다고 가정해도 우드 컬러를 너무 많이 사용하면 포근함을 넘어 답답한 느낌이 들 수 있기 때문입니다. 결국 단순히 4가지 색을 사용한다고 해도 어떻게 사용하느냐에 따라 밝고 포근한 분위기에서 시크하고 중후한 느낌까지 극과 극의 분위기가 연출되니 컬러와 그 비율을 신중히 선택해야 합니다.

컬러 조합에 따라 분위기가 달라져요!

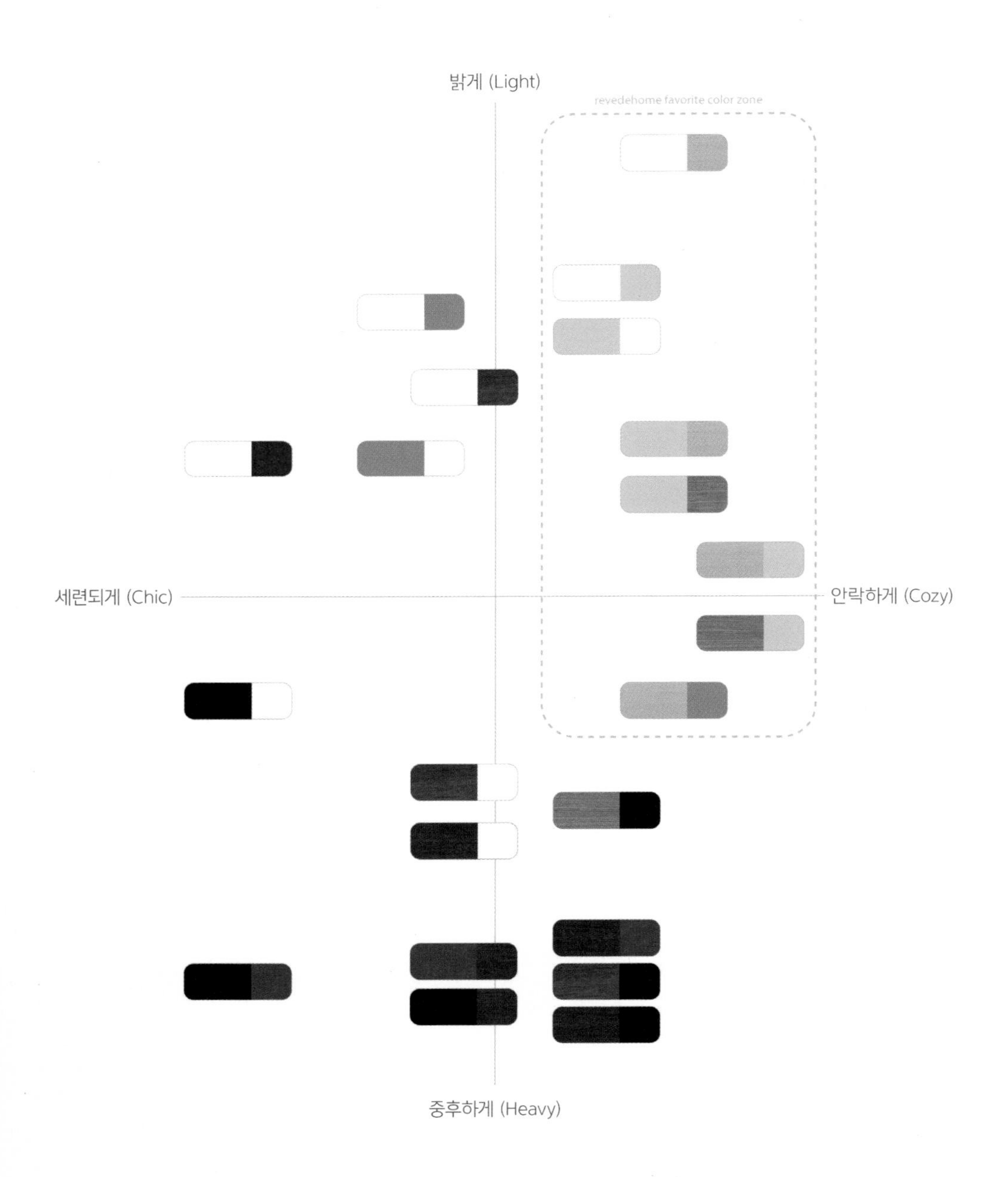

미니멀하지만 차갑지 않은 컬러 조합 찾기

따스한 햇살이 들어와 집 안을 환히 밝히면 따뜻하게 기운을 북돋아주는 느낌을 받습니다. 그래서 저는 공간을 밝고 아늑하게 만들어주는 컬러를 주로 사용합니다. 영화 속 인물들이 모두 같은 비율로 등장하면 좋은 영화가 될 수 없겠죠. 마찬가지로 공간에 사용되는 컬러도 서로 다른 비율로 공간에 균형을 잡아주어야 합니다. 이 비율은 개인의 취향에 따라 달라질 수 있습니다. 저 같은 경우는 보통 50:30:10:10 의 비율로 공간을 균형 있게 연출합니다.

컬러 비율의 예

주연 컬러는 조연 컬러보다 밝게

밝고 포근한 집을 만들기 위해서는 주연 컬러를 조연 컬러보다 밝게 하는 것이 좋습니다. 우리가 학창시절 미술시간에 배웠듯 밝은색은 확장의 색으로 공간을 넓어 보이게 하는 효과가 있습니다. 밝은색은 빛을 잘 반사하기 때문인데요. 햇살이 들어왔을 때 밝은 벽면은 따뜻한 빛의 기운을 공간에 고루 퍼지게 하므로 어두운 벽지보다 훨씬 포근한 느낌이 들게 합니다.

씬스틸러 컬러는 주·조연 컬러와 대비를 주거나 채도를 낮게

씬스틸러 컬러는 한마디로 포인트 컬러입니다. 공간에 들어간 모든 요소가 단 2가지 색으로만 이루어지면 공간이 재미없고 지루해질 수 있기 때문이죠. 조명이나 벽시계, 쿠션 등을 포인트 컬러로 활용하면 효과적입니다. 공간에 생기를 주는 포인트 컬러는 시선을 끌기 위해 명도 대비를 확실히 주거나 무채색이 아닌 컬러를 사용합니다. 단 컬러로 포인트를 줄 때 원색을 사용하면 주위와 이질감이 들 수 있으므로 채도를 낮춘 파스텔 톤의 컬러 1~2가지 색으로 주위와 잘 어울리게 사용하면 좋습니다.

엑스트라 컬러는 주·조연 컬러와 비슷한 톤으로 튀지 않게

그림을 그릴 때 깊이를 더하기 위해서는 주위와 비슷한 색으로 잔터치를 해서 밀도를 높여줍니다. 엑스트라 컬러는 이처럼 주·조연 컬러와 비슷한 톤을 활용해 공간의 밀도를 높여주는 역할을 합니다. 엑스트라인 만큼 꼭 사용해야 하는 색은 아니니 필요에 따라 선택하세요.

컬러 조합 샘플 둘러보기

쌍문동 신혼부부의 거실 화이트: 50 • 우드: 30 • 블랙 포인트: 10

많은 신혼부부들이 선호하는 화이트-우드 컨셉입니다. 바닥이 우드 계열이기 때문에 벽, 천장 그리고 문을 모두 화이트로 바꾸고 원목가구를 배치했습니다. 의자 커버, 조명 등에는 블랙 포인트를 활용해 대비를 주었습니다.

경기도 광주 싱글남의 침실 그레이: 50 • 우드: 30 • 화이트: 10

벽, 커튼, 침구, 러그를 활용해 전반적인 분위기를 그레이로 맞추고 원목가구로 포근한 공간을 만들었습니다.
또 시계로 심플한 포인트를 주어 시선을 잡아주었습니다.

셀프 미니멀 홈스타일링 01 / 나만의 컬러 컨셉 찾기

1. 내가 좋아하는 참고 이미지 찾기

인터넷 이미지 검색을 통해 자신이 마음에 드는 인테리어 자료를 모아보고 그 중
가장 마음에 드는 이미지를 선택해 아래에 붙여보세요.

2. 컬러 분석하기

선택한 이미지를 바탕으로 각 부분에 사용된 컬러가 무엇인지 분석해보세요.

벽은 무슨 색인가요?

바닥은 무슨 색인가요?

주요 가구(침대, 소파, 테이블 등)는 주로 무슨 색인가요?

3. 주 · 조연 컬러, 씬스틸러 컬러, 엑스트라 컬러 구분

선택한 이미지를 보고 다음의 역할을 하는 컬러가 무엇인지 분석해보세요.

주 · 조연 컬러:

씬스틸러 컬러:

엑스트라 컬러:

이렇게 정리된 색이 여러분이 선호하는 컬러 컨셉입니다. 참 쉽죠?

STEP 2

내 생활에 맞는 필수 아이템 찾기

미니멀 홈스타일링에서는 미니멀 라이프에서 강조하듯 자신에게 꼭 필요한 물건이 무엇인지 알아가는 과정이 매우 중요합니다. 그렇지 않으면 충동적으로 불필요한 물건을 또 사게 되고, 기존에 있는 물건들은 아까워서 비우지 못한 채 집은 점점 불편한 곳이 되어갑니다.

우선 나만의 비움노트를 만들어요!

나에게 필요한 필수 아이템을 찾기 위해 제가 활용한 비움노트를 더 자세히 알아보겠습니다. 꼭 필요한 물건을 단번에 찾아내는 것은 쉬운 일이 아닙니다. 자신의 라이프스타일을 명확히 알지 못하면 모든 물건이 다 필요한 것처럼 느껴지기 때문이죠. 그래서 비움노트를 활용하는 것입니다! 시험을 볼 때 정답이 아리송하면 오답부터 찾아 없애는 방법을 쓰죠? 우리도 비움노트를 통해 불필요한 것부터 차근차근 찾고 비우는 거예요. 그러다 보면 나에게 꼭 필요한 물건을 알 수 있게 됩니다.

먼저 사진을 찍어서 생각하고 결심하세요!

미술시간에 풍경화나 정물화를 그릴 때를 생각해보면 선생님은 늘 뒤로 물러서서 그림 전체를 한번 둘러보라고 했습니다. 어느 한 부분만 집중해서 그 곳에 정신이 쏠리면 다른 부분은 보지 못하고 그 결과 전체 그림을 망칠 수 있기 때문인데요. 우리가 생활하는 공간도 한발짝 뒤로 물러서서 전체를 바라볼 필요가 있습니다. 사진을 찍어 공간 전체를 들여다보면 손에 쥔 물건 하나만 바라볼 때보다 이성적인 판단을 내리기가 훨씬 쉬워집니다. 게다가 그저 머릿속으로만 생각해두는 것보다 직접 손으로 표시하면 결심이 더욱 굳어져 실행에 옮기기도 수월하죠.

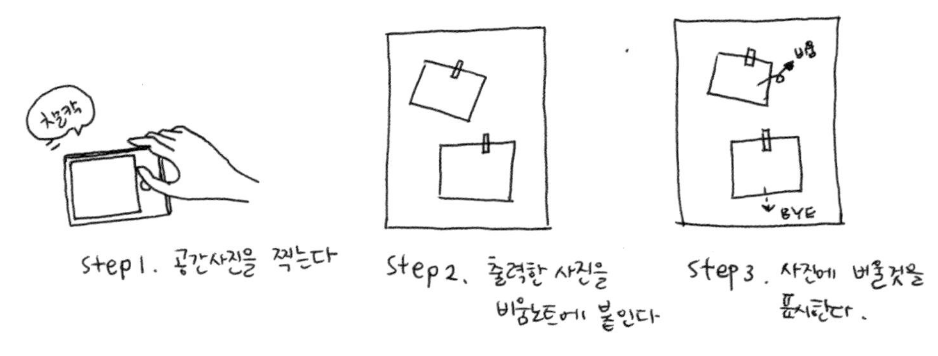

비움노트를 활용할 땐 공간의 사진을 찍어 노트에 붙입니다.

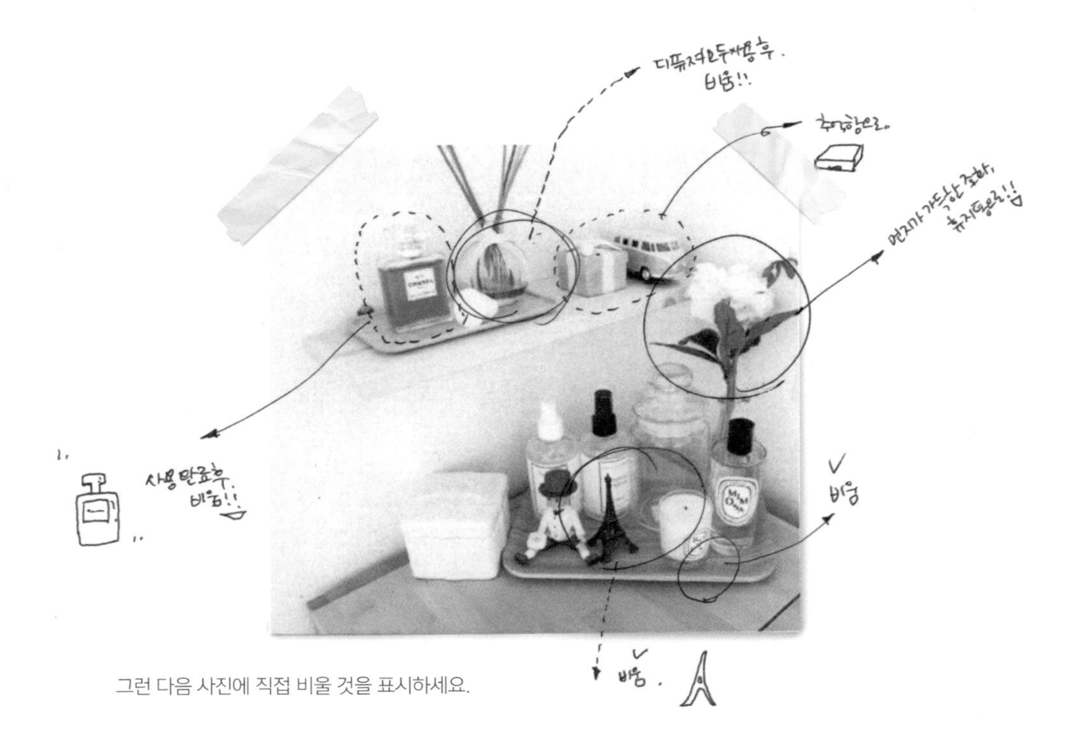

그런 다음 사진에 직접 비울 것을 표시하세요.

남긴 물건의 가치순위를 정해요

비울 것을 정하고 나면 남김 리스트를 다시 한번 보며 가치순위를 매깁니다. 무엇이 나에게 더 소중하고 덜 소중한지 생각해보는 거죠. 순서를 정해놓으면 혹시 공간이 협소해서 들어갈 곳이 없을 때 차례대로 비울 수 있습니다. 처음엔 많이 아까울 것 같지만 막상 비우고 하루 이틀만 지나면 금새 잊혀진답니다. 그래도 혹시 구매가 필요한 물건이 있다면 다음과 같이 스스로에게 질문해보세요.

1. 거의 매일 사용할 제품인가요, 아니면 이벤트성으로 필요한 제품인가요?
2. 구매하려는 제품이 주변 분위기와 잘 어울리는 물건인가요?
3. 자신의 마음에 쏙 드는 제품인가요?

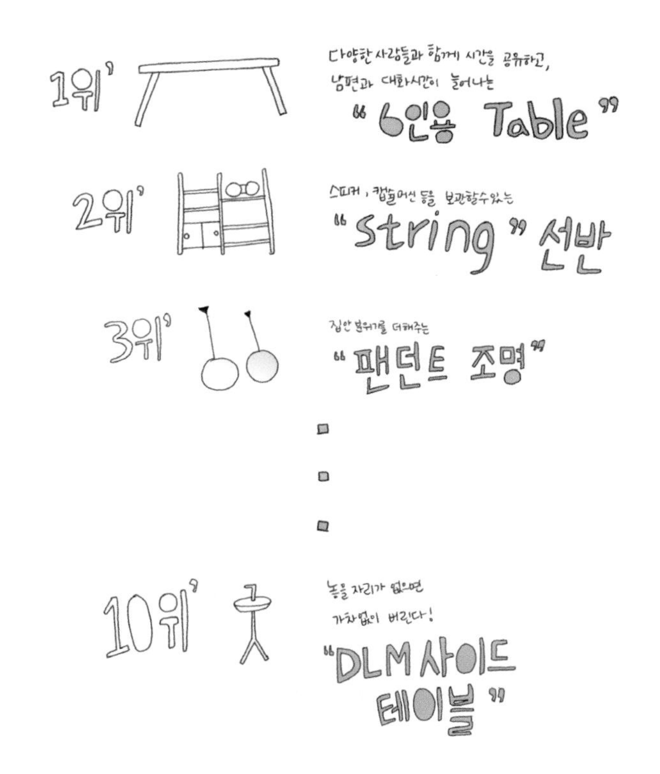

셀프 미니멀 홈스타일링 02 / 필수 아이템 남기기

1. 비울 물건 정하기

공간의 사진을 찍어 붙인 다음
펜을 들고 불필요한 물건들에
마구마구 표시해보세요.

이제 주말을 활용해서 과감히 비워보세요! 아직 미련이 조금이라도 남아 있어 주저한다면 결단력 있는 가족이나 친구의 힘을 빌어보세요. 이 비움노트를 주고 잠시 외출한 뒤 돌아오면 한결 깔끔하고 가벼워진 공간을 만날 것입니다. 여기서 놀라운 사실 하나! 비우기를 주저했던 물건들이 없어도 생활에 아무런 지장이 없다는 것이죠.

2. 가치순위 매겨보기

비움노트를 통해 비움이 완료되었다면
남겨진 물건의 품목을 하나하나 적어보세요.
그리고 등수를 매기듯 자신에게
가장 소중한 것부터 순위를 매겨보세요.

STEP 3

파워포인트로 한눈에 보는 배치와 매칭

'세상에서 가장 예쁜 000의 얼굴형 +000의 눈 +000의 코…. 예쁜 부위만 모아놨더니 어색.'

이런 기사 한 번 정도는 본 적 있으시죠?

아무리 완벽한 부분을 모았다 해도 어색해지기 쉽고 아름다움에는 조화가 중요하다는 것을 느낍니다. 집 꾸미기 역시 그렇습니다. 아름다운 공간을 연출하기 위해서는 다양한 물건을 적절한 곳에 배치하고 조화롭게 매칭하는 것이 매우 중요합니다. 잘못하면 기껏 비싼 돈 주고 꾸민 공간이 어색해져 이러지도 저러지도 못하는 사태가 발생할 수 있어요.

그렇지만 옷 한 벌 예쁘게 코디하는 것도 고민스러운데 벽지와 바닥, 각양각색 아이템들 간의 관계를 예상하고 조화롭게 꾸미는 일은 더더욱 어렵습니다.

게다가 가구 하나를 고를 때도 예쁜 제품들이 너무 많아 선택 자체가 스트레스로 다가올 때가 많죠. 그렇기 때문에 전문가들도 상상만으로 판단하지 않고 다양한 컴퓨터 툴을 활용해서 가상으로 시뮬레이션을 하면서 몇 번이고 수정과 확인의

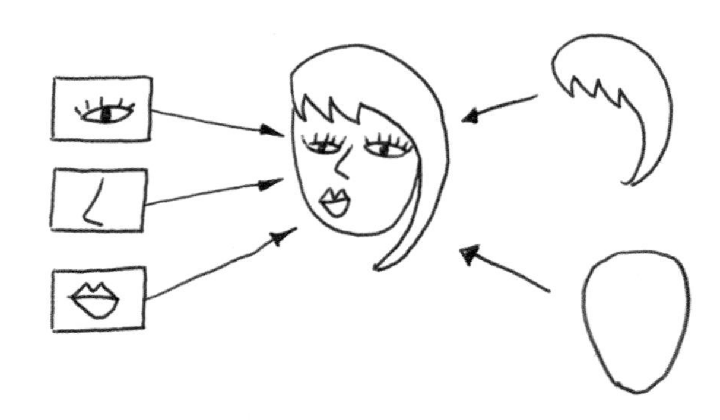

과정을 거칩니다. 저 역시 고객의 집을 스타일링할 때 이미지 시안 작업을 통해 조화로운 제품 배치와 매칭을 찾습니다.

파워포인트로 쉽게 홈스타일링을 해봐요!

사실 그래픽 툴은 외국어를 새로 배우는 것만큼이나 생소하고 부담스러울 수 있습니다. 하지만 걱정 마세요! 처음이라 해도 몇 번만 써보면 쉽게 사용할 수 있는 '파워포인트'를 활용하면 됩니다. 제가 파워포인트를 추천하는 이유는 이미지 이동과 편집이 매우 손쉬워 원하는 배치와 조합을 다양하게 해볼 수 있기 때문입니다. 뿐만 아니라 온라인 구매 예정 제품은 사이트 주소를 같이 기록해둘 수 있어 잊지 않고 바로 접속할 수 있습니다.

이렇게 파워포인트를 활용한 배치와 조합을 이용해 신중에 신중을 기해 고른 내 마음에 쏙 드는 물건은 10년 넘게 사용해도 전혀 아깝지 않습니다. 그리고 그것이 결국 불필요한 소비를 줄이는 지름길입니다.

파워포인트로 시뮬레이션하기

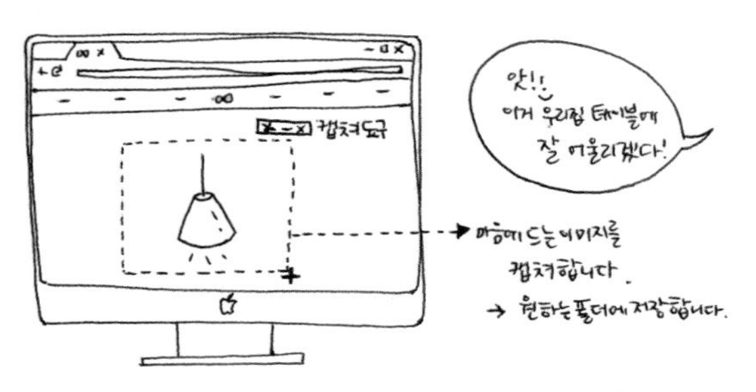

1 자신이 원하는 가구 소품을 찾았습니다.

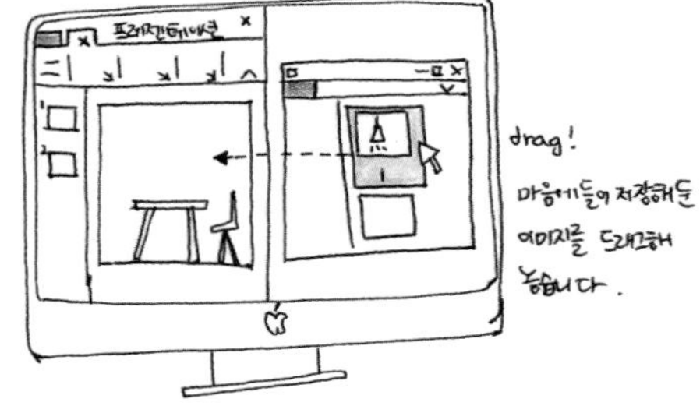

2 파워포인트에 마음에 들어 저장해둔 이미지를 불러옵니다.

3 이리저리 매칭하며 가장 마음에 드는 이미지를 찾습니다.

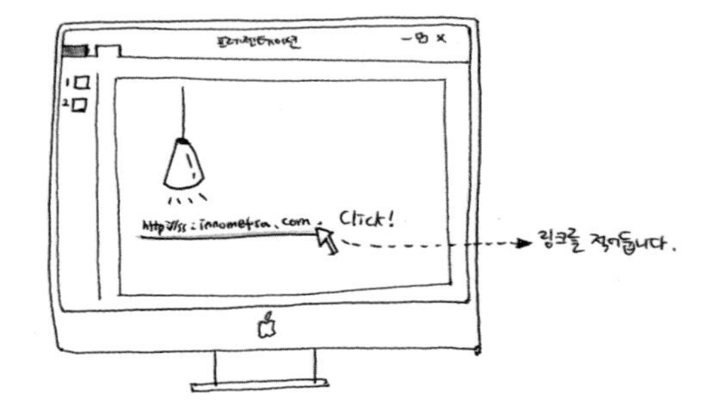

4 이미지 아래에 링크를 함께 찍어두어 이동합니다.

배치 작업을 손쉽게! 제품 규격 파악하기

침대, 냉장고, 소파, 의자 등과 같은 큰 가구와 가전은 제품별로 거의 비슷하게 사이즈가 정해져 있습니다. 예를 들어 침대에서 슈퍼싱글은 1200x2000, 퀸사이즈는 1600x2000 등의 규격 사이즈가 있죠. 이런 사이즈를 알고 있으면 가구를 찾기 전에 대략적인 배치도를 만들어볼 수 있습니다.

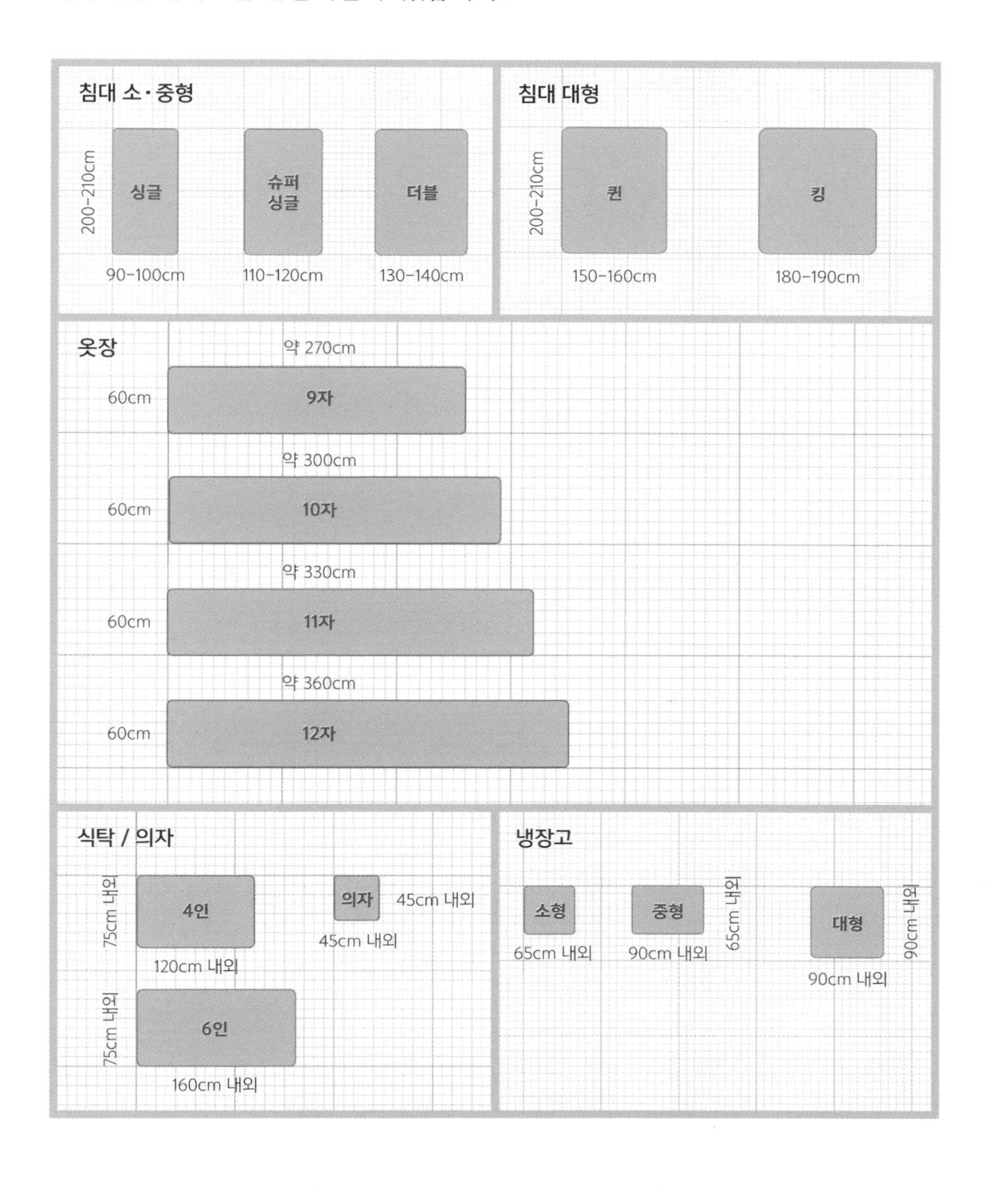

셀프 미니멀 홈스타일링 03 / 파워포인트로 배치와 매칭해보기

1. 모눈종이 이미지를 활용한 가구 배치도 만들기

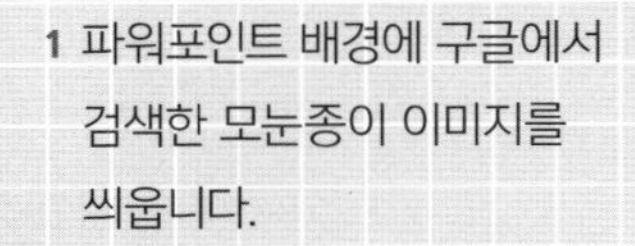

1 파워포인트 배경에 구글에서 검색한 모눈종이 이미지를 씌웁니다.

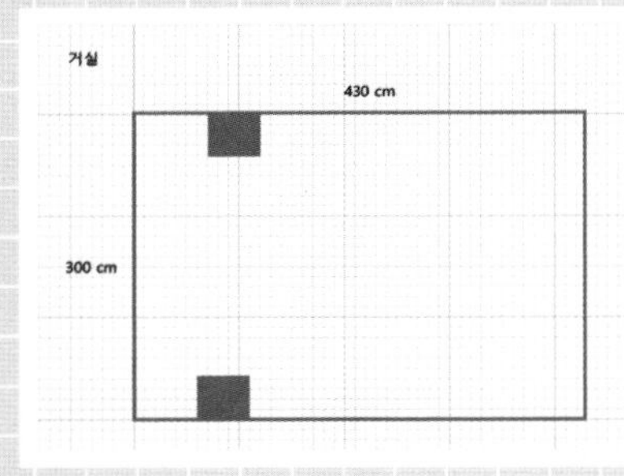

2 1칸당 10cm로 가정하고 실측한 수치에 맞춰 각 방에 사각 박스를 만듭니다.

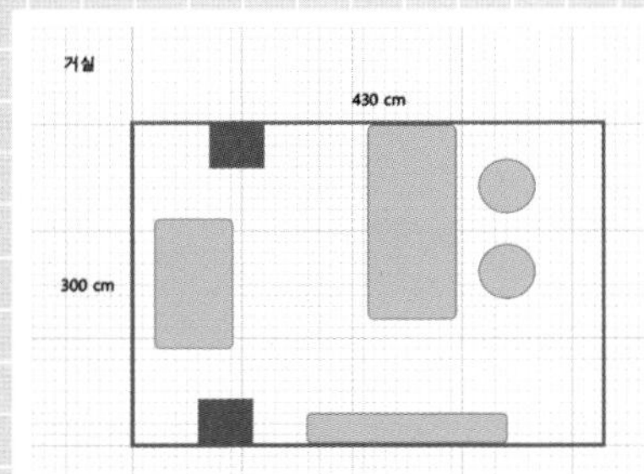

3 소파, 테이블, 의자 등 구매 예정 가구를 수치별로 사각 박스로 만들어 공간에 적절히 들어갈 수 있는지 확인합니다.

※ 레브드홈 블로그(revedehome.com)에서 모눈종이와 대략적인 규격에 맞는 제품의 사각 박스가 그려진 파일을 다운받아서 배치도를 만들면 도움이 될 거예요!

2. 가구 매칭 포트폴리오 만들기

매칭 포트폴리오의 묘미는 고급 가구와 보급형 가구의 '절묘한 매칭 찾기'입니다. 모든 가구를 예쁘고 고급스러운 가구로 구하면 좋겠지만 예산은 한정되어 있습니다. 하지만 매칭 시뮬레이션을 통해 이 가구 저 가구 매칭해보면서 정해진 예산 안에서 고급 가구와 보급형 가구 사이의 절묘한 매칭을 찾을 수 있습니다. 그때의 기분이란! 이것이 실패 없는 매칭 시뮬레이션의 묘미가 아닐까요?

그레이 톤 소파에는 어떤 소품들이 어울릴까?

식물도 중요한 인테리어 소품!

세트로 산 것보다 더 세트처럼

침구류와 커튼의 조화도 중요

최소의 아이템으로 멋진 작업공간을

이제 파워포인트를 활용해서 다음과 같이 매칭 시뮬레이션을 해보세요.

1 마음에 드는 제품 이미지를 캡쳐해서 모아둡니다.
2 중심이 되는 가구를 기준으로 서로 어울리는 제품들을 이리저리 매칭해봅니다.
3 같은 식탁이어도 다양한 디자인이 마음에 들면 시안을 몇 가지로 만들어서 서로 비교해봅니다.
4 어렵게 찾은 나만의 '희귀템'은 파워포인트에 사이트를 반드시 기록해둡니다. 나중에 구매할 때 사이트 주소를 잊어버려 다시 찾아야 하는 고생을 방지합니다.

STEP 4 메인 가구 중심으로 스타일링하기

공간의 분위기를 좌우하는 것은 바로 사이즈가 큰 메인 가구입니다. 때문에 필수 아이템 위주로 진행하는 미니멀 홈스타일링에서 메인 가구의 선택은 특히 중요합니다. 그런데 전체 예산 중 70~80%를 차지할 만큼 가구는 고가이기 때문에 단순히 예쁜 디자인만이 선택의 기준이 되어선 안 됩니다. 한번 사면 10년 이상을 바라봐야 하기에 내구성, 합리성, 사용성 등 다각도에서 충분히 고민하고 선택해야 합니다. 매칭 시뮬레이션을 할 때는 항상 메인 가구를 먼저 선택한 후 다른 물건들을 선택하세요. 큰 가구를 정하기도 전에 작은 가구나 배경 등을 미리 결정해버리면 매칭이 자연스럽지 못하고 어색한 느낌이 들 수도 있습니다. 큰 가구 → 작은 가구 → 배경이나 패브릭 → 소품 순서로 매칭을 합니다. 작은 물건들이 가구의 분위기와 잘 어울리는지 확인하면서 결정해야 후회 없는 선택을 할 수 있습니다.

소파 컬러로 공간을 디자인해요!

집 안의 메인 가구라면 아무래도 소파겠죠. 소파는 대부분 들어오자마자 보이는 가구로 집 안의 분위기를 좌우합니다. 그런 만큼 가장 먼저 신중하게 선택해야 합니다. 후회 없는 홈스타일링을 위해 파워포인트로 소파와 어울리는 벽 컬러 및 여러 사물들을 매칭 시뮬레이션하면 공간의 컬러가 어떻게 사용되었는지 한눈에 볼 수 있습니다.

밝은 톤의 소파를 선택한 경우

밝고 포근한 느낌을 최우선으로 고려하는 분들은 대부분 소파를 선택할 때도 따뜻한 느낌의 아이보리나 베이지 또는 밝은 웜그레이(따뜻한 계열의 회색) 컬러를 선택합니다. 이 경우에는 러그나 조명 등 대부분의 아이템을 소파와 비슷한 톤의 제품으로 선택하고 배치해서 포근함을 극대화해 매우 깔끔한 미니멀한 공간을 연출합니다.

밝은 소파를 선택했다면 다른 아이템도 소파와 비슷한 톤으로 배치해 포근함을 극대화합니다.

컬러가 들어간 소파를 선택한 경우

소파에 대해서라면 취향이 명확한 경우가 많습니다. 비치블루 컬러의 소파에 완전히 반해버렸다면 어떨까요? 다른 아이템들을 이 소파에 맞춰 스타일링해야겠죠. 소파의 비치블루 컬러가 공간에서 차지하는 비중이 매우 높으므로 별도의 포인트 컬러는 두지 않는 게 좋습니다. 벽과 액자 등 소파 주위의 컬러를 최대한 깔끔한 화이트 톤 하나로 통일해서 소파의 컬러감과 디자인이 돋보이게 스타일링합니다.

컬러가 들어간 소파를 택했다면 주변의 컬러는 최대한 깔끔한 화이트 톤으로 통일합니다.

블랙 계열의 어두운 색 소파를 선택한 경우

실용성을 가장 우선시하는 분들은 때가 타는 것을 우려해서 짙은 그레이나 블랙 컬러의 소파를 많이 선택합니다. 이렇게 블랙 소파를 둘 경우 주위의 색과 명도대비가 심해서 자칫 공간과 동떨어져 보일 수 있습니다. 그래서 소파 주위에 그레이 포인트 벽지와 러그, 블랙 그래픽과 프레임으로 구성된 액자를 배치해 소파의 블랙 톤과 어울리도록 스타일링합니다.

어두운 컬러의 소파를 택했다면 동일한 톤의 아이템을 두어 동떨어져 보이지 않도록 합니다.

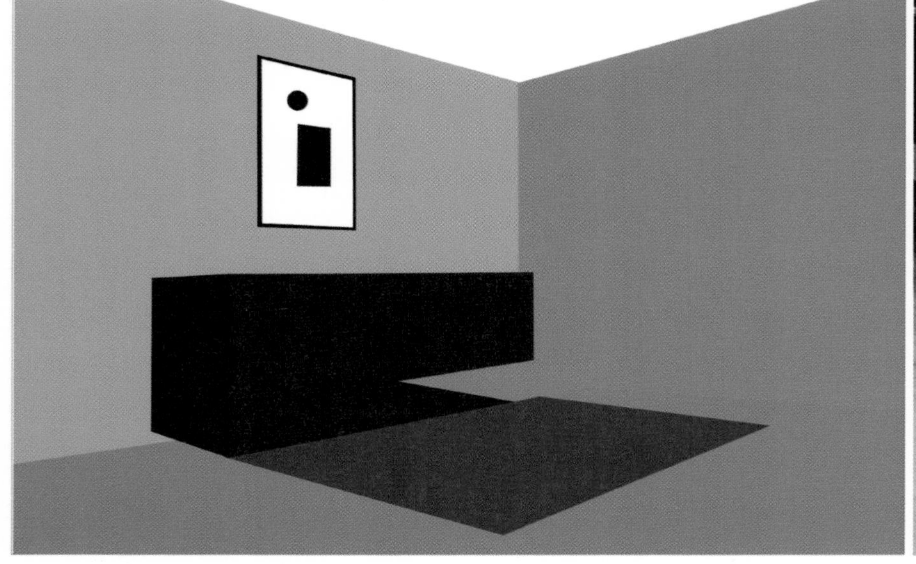

패브릭 vs 가죽, 혹은 둘 다?!

소파를 고를 때 많은 분들이 고민하는 게 소재일 것입니다. 패브릭이 좋은데 청소하기가 힘들 것 같고, 가죽을 사자니 너무 차가워 보일 것 같죠. 특히 밝은 컬러의 소파를 원한다면 패브릭이든 가죽이든 때가 타는 것이 걱정됩니다. 하지만 패브릭과 가죽의 장점을 살리고 단점을 극복한 소재가 있는데요. 바로 초미세섬유(Ultra-microfiber)입니다.

이 소재는 폴리에스테르과 폴리우레탄을 합성한 소재로 가죽과 천의 중간 정도 느낌이고 스웨이드 재질과 유사합니다. 가죽과 패브릭이 가진 단점을 극복한 고급 소재로 고가의 스포츠카 인테리어에 많이 쓰이기도 합니다. 또한 고급스러운 촉감과 색 발현력 때문에 천연가죽 못지 않게 아니, 오히려 더 인기가 있습니다. 더불어 진드기 사이즈보다 더 촘촘하게 짜인 직물 덕분에 진드기가 서식할 수 없는 구조를 가지고 있어 아토피 등 예민한 피부를 가진 분께 매우 좋은 소재입니다. 내오염성 역시 탁월해서 레몬이나 알콜, 물만 있으면 깨끗하게 이물질을 제거할 수 있습니다. 세계적으로 인지도가 높은 초미세섬유 브랜드로는 알칸타라(Alcantara)와 울트라스웨이드(Ultrasuede)가 있습니다.

유사점

- 동일한 원천기술을 기반으로 발전하여 기능이 매우 유사하다.
- 인테리어, 가구, 패션, 자동차 등 전 분야에 활용된다.
- 생산 방식이 유사하다.

차이점

- 생산 지역이 다르다.
  알칸타라: 이탈리아 | 울트라스웨이드: 일본
- 염색 방식이 달라 색의 종류와 발현이 다르다.
- 폴리우레탄, 폴리에스테르 비율, 멀티레이어의 유무에 따라 각 브랜드의 라인업이 다르다.

알칸타라 소재의 소파 1

알칸타라 소재의 소파 2

울트라스웨이드 소재의 소파

어떤 원목을 고르지?

가구의 가격은 원목 가격, 디자인 구현의 난이도, 제작 수량 등 다양한 요소로 결정됩니다. 그중 가구 가격에 큰 영향을 미치는 원목 가격은 등급에 따라, 그리고 통원목이나 집성목이냐에 따라 달라집니다. 집성목은 원목 조각을 붙여 만든 판으로, 길게 이어붙인 솔리드 타입과 톱니 모양으로 끼운 핑거조인트 타입이 있습니다. 통원목이 집성목보다 월등히 비싸며 집성목 중에서는 나뭇결이 살아 있는 솔리드 타입이 핑거조인트보다 비쌉니다. 등급은 원목의 강도나 결에 따라 나뉘고 1등급에 가까울수록 고급수종으로 분류되어 가격이 비싸집니다.

원목가구라도 내구성, 제작가격 등을 고려해서 등급이 다른 두 종류의 원목을 사용하는 경우가 있습니다. 또는 원목과 천연무늬목을 혼용해서 만드는 경우도 있습니다. 원목가구는 비슷한 디자인이라도 제품의 비례와 다리의 굵기 마감방법에 따라 느낌이 확연히 달라 보입니다. 제품 상세설명에 소재가 정확히 기재되어 있으니 미리 꼭 확인하고 잘 판단해서 현명한 선택을 하세요!

가공법

통원목 집성목 – 솔리드 타입 집성목 – 핑거조인트

원목등급

1등급	흑단나무(Ebony), 자단나무(Rosewood)
2등급	티크(Teak), 호두나무(Walnut), 벚나무(Cherry), 마호가니(Mahogany)
3등급	참나무(Oak), 물푸레나무(Ash), 자작나무(Birch)
4등급	너도밤나무(Beech), 단풍나무(Maple), 오리나무(Alder)
5등급	고무나무(Rubber), 사구라(Nyatoh), 부켈라(Burchella)
6등급	삼나무(Japanese Cedar), 편백나무(Hinoki), 소나무(Pine)

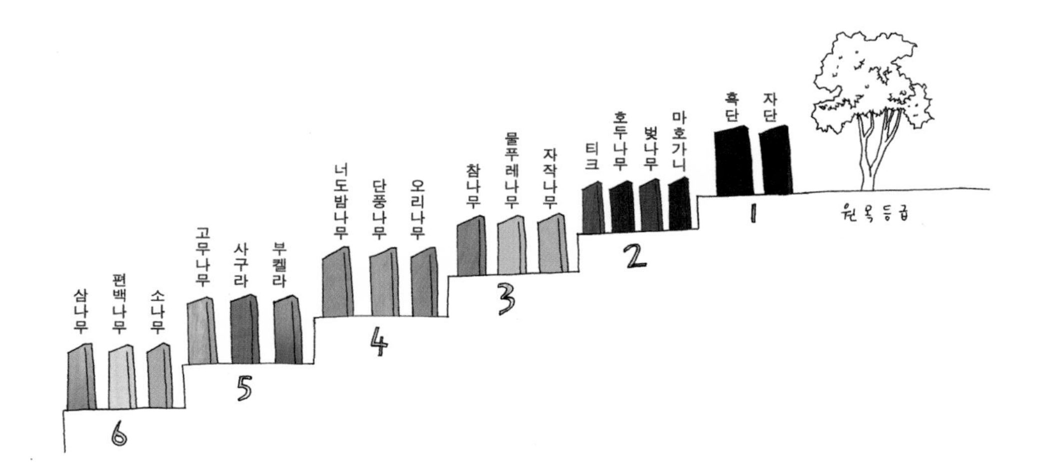

TIP. 미니멀 스타일 가구 찾기

심플하면서도 어색해 보이지 않는 균형 잡힌 디자인으로 인지도를 높여가는 가구업체를 소개합니다.

오블리크테이블 www.obliquetable.co.kr | 도이치 www.doich.co.kr | 알로프 www.alof.co.kr
카레클린트 www.kaareklint.co.kr | 바이헤이데이 www.byheydey.com | 시세이 www.seesay.co.kr
세레스홈 www.cereshome.co.kr

포근한 느낌 연출의 3인방

밝고 따뜻한 집을 연출하고 싶은 분들 중 90% 이상이 참나무, 물푸레나무, 자작나무로 만든 가구를 선택합니다. 1~2등급의 원목은 가격도 매우 비쌀 뿐만 아니라 대부분이 어두운 색의 수종이기 때문이죠. 이 3인방의 원목들은 3등급이라 가격도 상대적으로 저렴할 뿐 아니라 나무가 단단해서 내구성이 좋고 재질감도 고급스러워 많은 이들의 사랑을 받습니다. 특히 참나무는 미국에서 가장 사랑받고 있는 원목 중에 하나라고 합니다. 원목의 밝고 아늑한 느낌을 연출하고 싶다면 3등급 원목들을 활용해보세요!

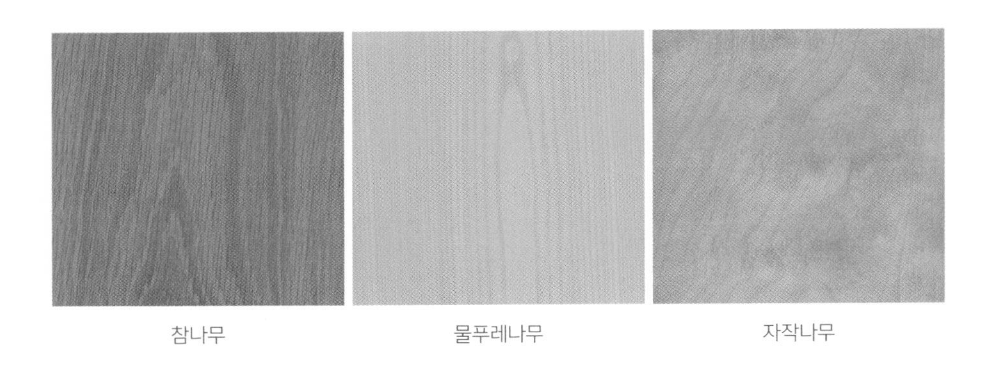

참나무 물푸레나무 자작나무

원목이 아닐 경우 환경 등급 확인

원목이 아닌 MDF 나 PB 목재에 무늬목을 입힌 가구는 접착제가 많이 사용되는데 여기서 발암물질인 '포름알데히드'가 발생합니다. 때문에 발생량에 따라 친환경등급을 SE0 에서 E2까지 나눠 매기고 있습니다. 국내에선 E1까지만 친환경 자재로 분류하고 E2등급의 자재 사용은 금지하고 있습니다. 한편 미국이나 유럽 등지에선 국내의 E1등급(0.21ppm)에서 나오는 포름알데히드의 절반인 0.10ppm 까지만 친환경등급으로 지정하고 있습니다. 아토피나 알레르기가 있거나 예민한 피부라면 SE0(0.04ppm)나 E0(0.07ppm)등급의 제품을 추천합니다.

합리적인 가격대의 미니멀 가구 찾기

누구나 한번쯤 들어봤을 을지로 가구거리. 이곳에는 수많은 스타일의 제품이 전시되어 있는 그야말로 가구 백화점 같은 곳입니다. 제품 마감이나 질이 조금 떨어지는 아쉬움이 있지만 일반적으로 의자 하나만 해도 20~30만 원을 호가하는 데 반해 이곳에서는 10만 원 전후로 구매가 가능합니다. 하지만 대부분의 매장은 제품 촬영을 금지하고 있고 스타일이 너무 다양해서 자칫 엉뚱한 제품을 구매해 후회할 수도 있습니다. 혹시 선택의 어려움이 있다면 원하는 컬러와 스타일의 제품 이미지를 핸드폰에 담아 가서 비교하면서 구매하길 바랍니다.

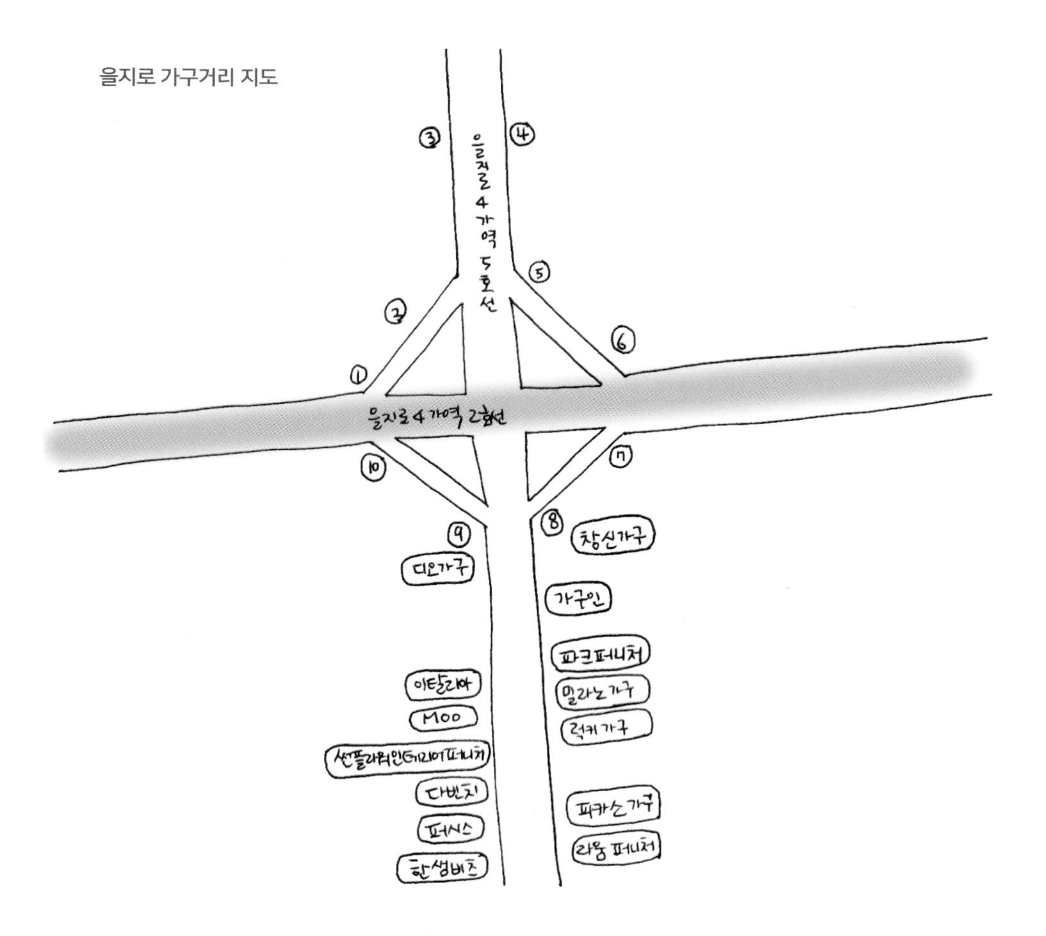

을지로 가구거리 지도

셀프 미니멀 홈스타일링 04 / 메인 가구 중심으로 소가구 매칭하기

1. 당신이 정한 메인 가구의 컬러는 무엇인가요?

구비, 헤이, 리처드 램퍼트 이미지 제공: 이노메싸

2. 메인 가구를 정했으면 파워포인트를 활용해서 아래와 같이 메인 가구 중심으로 소가구를 매칭해보세요!

TIP. 가구 안목 높이기

국내에 잘 알려지지 않은 해외 사이트를 소개합니다. 가구 종류와 디자인은 매우 다양합니다. 테이블만 해도 디자인이 수백, 수천 가지입니다. 잘 다듬어진 디자인의 가구를 보면서 안목을 높여보세요.

www.stylepark.com
5만 개 이상의 가구 디자인을 접해 볼 수 있는 성지같은 사이트입니다. 해외에서 만든 최신 가구들을 접해볼 수 있는 보석 같은 곳입니다. 뿐만 아니라 대부분의 가구를 고해상도 이미지로 볼 수 있기 때문에 가구의 디테일한 부분까지 선명하게 감상할 수 있습니다.

www.vitra.com
세계적으로 유명한 가구 제작 브랜드입니다. 단순히 제품의 이미지만 제공하는 게 아니라 컬러, 재질, 3D 도면은 물론 제품을 배치한 인테리어까지 제공하고 있어 안목을 키우는 데 좋습니다.

STEP 5

'미니멀한 공간'을 위한 '미니멀 시공'

시공의 범위는 정말 다양합니다. 작게는 도배나 장판에서 크게는 공간을 넓히기 위한 확장공사까지, 다양한 목적에 맞는 다양한 시공이 존재합니다. 하지만 깔끔하면서 예쁜 집을 만들기 위해서 모든 시공을 진행할 필요는 없습니다. 공간의 분위기를 좌우하는 가장 큰 요소는 바로 컬러이기 때문입니다. 공간의 색과 분위기를 결정하는 데 중요한 요소인 벽, 바닥, 문에 관련된 시공만 진행해도 충분합니다. 물론 마이너스 몰딩, 걸레받이 제거 등 조형적으로 디테일한 부분까지 신경 쓴다면 더욱 깔끔한 공간을 만들 수 있겠죠. 하지만 시공과 비용의 최소화가 목적이라면 대세에 영향을 줄 만큼 중요한 요소가 아니기 때문에 굳이 할 필요는 없습니다. 오히려 그 비용으로 더 좋은 필수 아이템이나 조명을 구매하는 것이 분위기 연출에 훨씬 효과적입니다.

벽지는 무채색으로 깔끔하게!

전시장에 가보면 대부분 벽은 무채색으로 되어 전시 아이템들을 더욱 돋보이게 하죠. 마찬가지로 미니멀 홈스타일링에서도 벽은 자신의 소중한 사물들을 돋보이게 하기 위한 배경입니다. 따라서 최대한 튀지 않는 색으로 선택해서 깔끔한 배경을 만들어보세요. 이처럼 벽 컬러의 선택은 무채색 계열만 고민하면 되기 때문에 오히려 단순하고 쉽습니다.

벽에 페인트를 칠하고 싶어 하는 분들이 있습니다. 페인트만의 이국적인 느낌과 더불어 자신의 취향에 맞게 색 제조가 가능하다는 큰 장점이 있기 때문이죠. 저도 집 전체를 수리할 기회가 생긴다면 페인트로 벽을 칠해보면 어떨까 생각하기도 합니다. 하지만 언뜻 보면 그저 칠하기만 하면 될 것 같은 페인트 시공은 생각보다 손이 많이 가고 비용 또한 많이 듭니다. 칠하기 전에 벽지를 뜯고 거친 콘크리트 벽면을 평평하고 곱게 다듬는 퍼티 작업을 해야 하기 때문이죠. 그래서 페인트 시공(2~3일)은 보통 벽지 시공(1일)보다 2~3배 이상의 시간이 걸리고 인건비도 2~3배 더 든다고 생각하면 됩니다.

그렇기 때문에 정말 섬세하게 미묘한 톤마저 구분해 자신이 원하는 색으로 벽을 칠하고 싶은 게 아니라면 일반적으로 최소한의 시공을 위해서 벽지를 바릅니다. 예전엔 심플한 무지 컬러의 벽지를 찾기 힘들었는데 최근에는 많이 출시되고 있습니다.

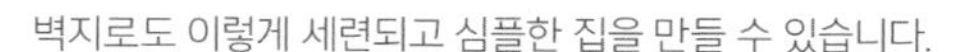

벽지로도 이렇게 세련되고 심플한 집을 만들 수 있습니다.

화이트 벽지는 집 안의 기본으로 사용됩니다.

그레이 벽지는 집 안의 포인트로 사용하기 좋습니다.

기타 벽 시공 시 주의할 것

벽은 보통 콘크리트, 우드보드, 석고보드 마감으로 되어 있습니다. 재질에 따라 나사 박는 법이 다릅니다. 콘크리트 벽이 아닌 경우는 드라이버를 활용해 손쉽게 나사를 박으면 되지만 콘크리트 벽은 단단해서 나사 박기가 까다롭습니다. 그만큼 한 번 박으면 무거운 선반도 단단히 고정할 수 있습니다. 콘크리트 벽은 해머드릴로 벽에 구멍을 먼저 내야 합니다. 드릴 역시 콘크리트용 드릴을 사용해야 합니다. 그렇지 않으면 벽에 구멍 하나 내려다가 지쳐 쓰러질 수 있어요. 구멍을 낸 후엔 '칼블럭'이라는 플라스틱 피스를 먼저 넣고 나사를 박습니다. 석고보드로 마감된 벽에도 피스를 먼저 박아야 떨어지지 않습니다.

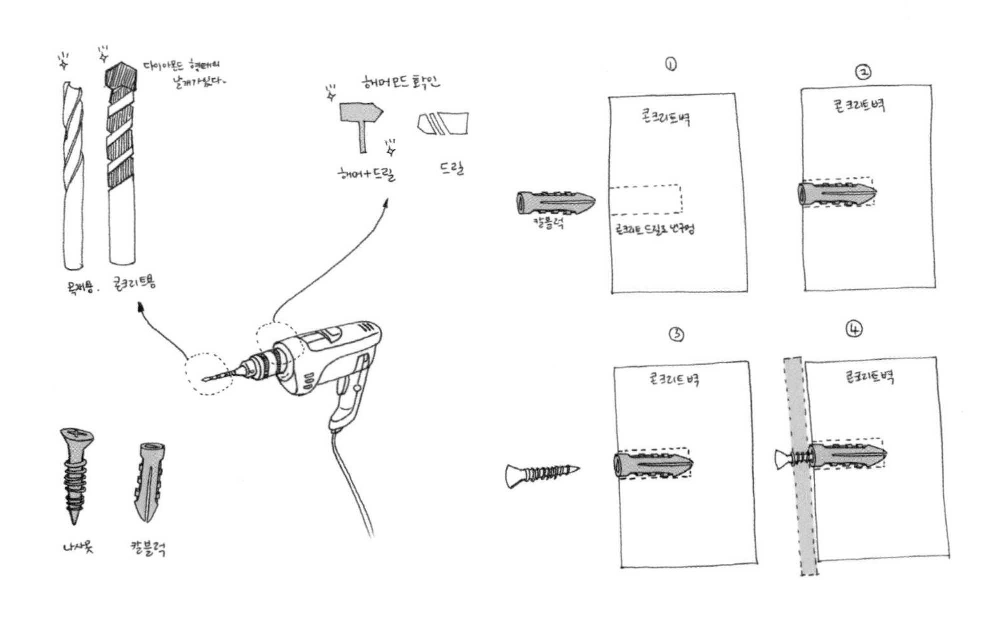

TIP. 나사 이렇게 박자

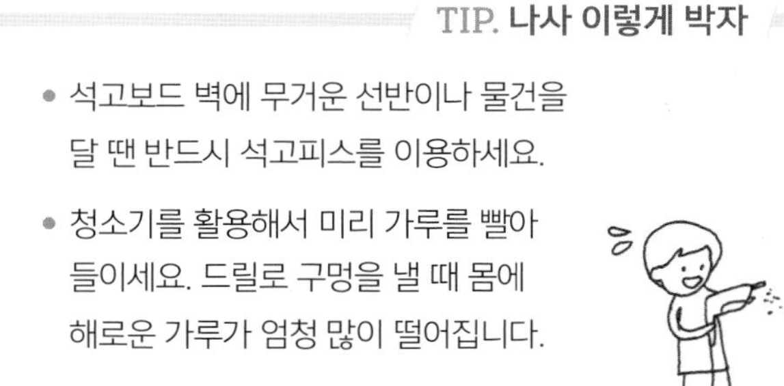

- 석고보드 벽에 무거운 선반이나 물건을 달 땐 반드시 석고피스를 이용하세요.
- 청소기를 활용해서 미리 가루를 빨아들이세요. 드릴로 구멍을 낼 때 몸에 해로운 가루가 엄청 많이 떨어집니다.
- 혼자 하기 어렵다면 설치 기사를 부르는 것이 시간을 절약하고 정확하게 설치할 수 있는 지름길입니다.

문은 셀프 페인팅 또는 인테리어 필름으로

우리나라 가정에서 대다수의 방문은 나무색입니다. 원목 위주의 가구로 스타일링 할 때는 잘 어울리기 때문에 굳이 시공을 하진 않습니다. 하지만 최근엔 더욱 깔끔한 분위기를 선호하는 분들이 늘어나서 페인트나 인테리어 필름 시공으로 컬러를

벽 컬러와 문 컬러의 명암대비가 적어질수록 깔끔한 분위기가 연출됩니다.

벽 컬러와 문 컬러의 명암대비가 심할수록 시크한 분위기가 연출됩니다.

변경하는 경우도 많아지고 있습니다.

취향에 맞는 분위기 연출을 위해 다음 4가지 특성을 참고해서 문의 컬러를 선택합니다. 또한 벽지와 집 안 아이템들이 잘 어울리도록 정하는 것이 좋습니다.

무채색에 가까울수록 세련된 분위기가 연출됩니다.

채도가 높을수록 개성 있는 분위기가 연출됩니다.

셀프 미니멀 홈스타일링 05 / 배경색 매칭해보기

1. 가구 사진의 배경제거 하기

파워포인트에는 '배경제거'라는 기능이 있습니다. 그래픽 프로그램만큼 정확하진 않지만 가구 주위의 하얀 배경을 없애주는 기능을 해 벽지 컬러와 아이템을 겹쳐서 매칭해볼 수 있습니다.

2. 컬러 박스 넣어보기

메인 가구와 소가구의 매칭을 완료했다면 가구에 어울리는 배경색을 찾기 위해 배경에 컬러 박스를 넣어보세요.

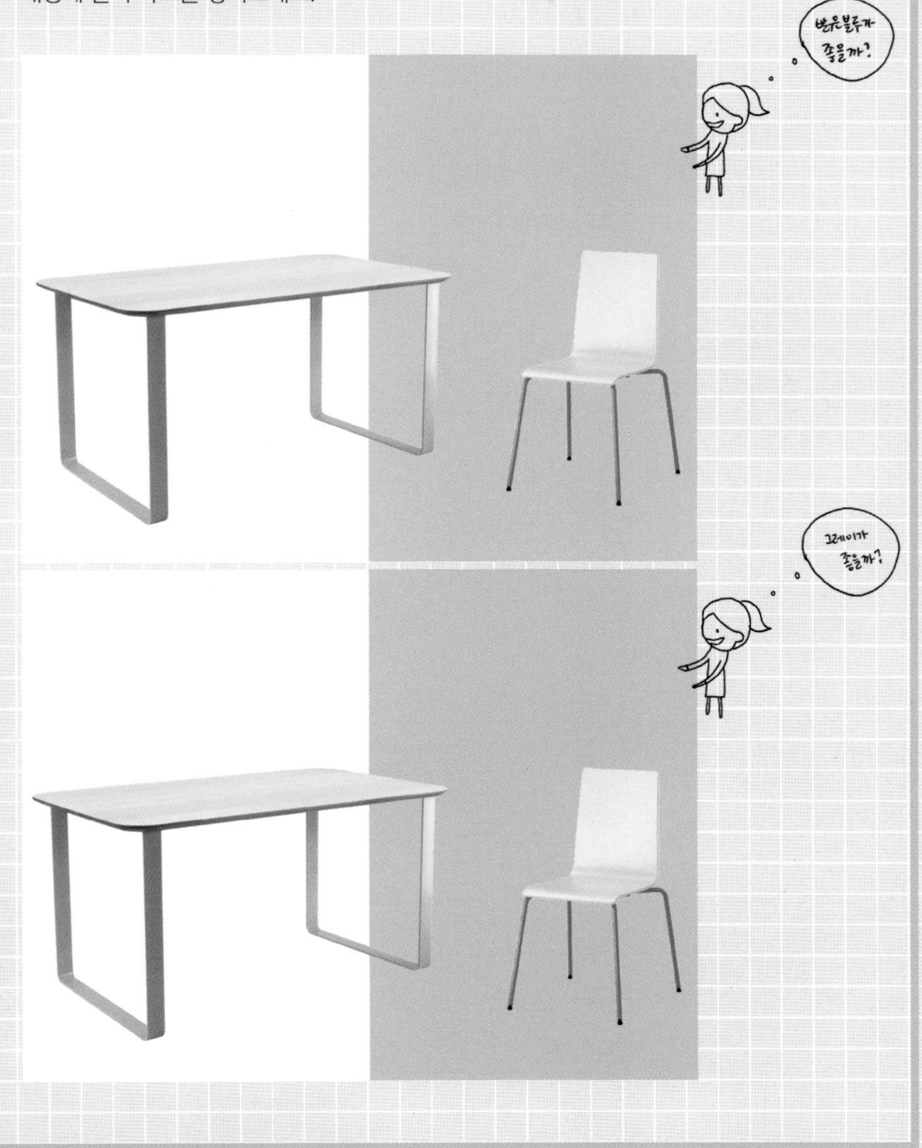

STEP 6

자연의 빛이 연출하는 아름다움

창문 역시 벽과 더불어 또 하나의 배경입니다. 차이가 있다면 창문에는 내부로 들어오는 빛의 양을 조절하는 커튼, 블라인드 등을 설치한다는 점인데요. 제품에 따라 실내에 들어오는 빛의 느낌이 달라지기 때문에 본인이 선호하는 빛 느낌과 관리의 편의성을 잘 고려해서 선택해야 합니다. 컬러는 매칭 시뮬레이션을 통해 주위 분위기와 어울리는 것을 선택하세요.

포근하고 자연스러운 공간 연출은 커튼으로

커튼은 세로로 떨어지는 자연스러운 주름 덕분에 따뜻함과 포근함을 연출하기에 좋습니다. 커튼 원단의 종류는 암막, 폴리리넨, 쉬폰 등으로 다양합니다.

일반 커튼은 보통 면과 폴리리넨 소재를 혼방해서 제작합니다. 자연스럽고 고급스러운 느낌을 연출할 수 있죠.

쉬폰커튼은 속이 비쳐 시원해 보이고, 하늘하늘한 원단으로 주름이 잘 생기지 않습니다. 얇고 가벼워서 봄, 여름에 사용하기 좋으며, 여러 가지 색상을 함께 사용해 그라데이션이나 배색 연출을 하면 더욱 멋스럽습니다. 또한 쉬폰커튼을 암막커튼이나 일반 커튼의 속지로 사용하면 좀 더 고급스러운 분위기를 연출할 수 있습니다.

마지막으로 암막커튼은 빛을 70% 이상 차단해서 여름에는 시원하고, 보온효과가 있어 겨울에는 따뜻합니다. 빛을 차단해주니 침실에 설치하면 좋겠죠. 하지만 여름철에는 암막커튼의 두께 때문에 더워 보일 수 있어요. 이때 속지(쉬폰커튼)와 겉지(암막커튼)를 뒤바꿔보세요. 쉬폰의 시원함이 암막을 덮고 있어 훨씬 시원한 느낌이 연출될 것입니다.

커튼 주름에 따른 스타일

커튼을 설치하는 방법은 설치 형식에 따라 레일 타입과 봉 타입으로 나뉩니다. 핀으로 고정해 레일에 설치하는 게 레일 타입이고 링을 이용해 봉에 끼우는 게 봉 타입입니다. 또 디자인에 따라 민자, 나비주름, 아일렛, 봉집형으로 나뉩니다. 민자와 나비주름은 레일 타입과 봉 타입 모두 설치가 가능하고 아일렛과 봉집형은 봉 타입으로만 설치가 가능합니다.

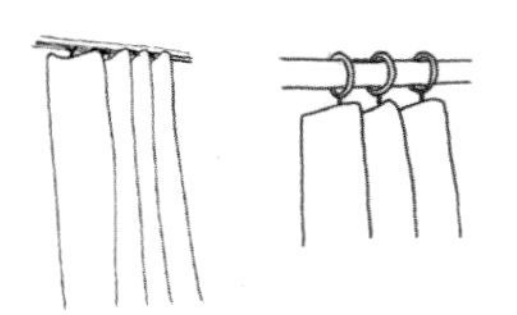

민자: 주름이 자연스럽게 내려오는 가장 대중적이고 무난한 스타일입니다.

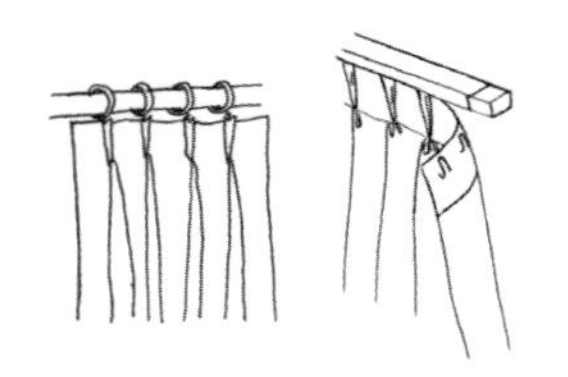

나비주름: 일정한 간격을 두고 2개의 주름을 하나로 묶어 볼륨감을 주는 스타일입니다. 제작 시 주름을 미리 만들어오기 때문에 커튼을 활짝 펼쳐도 주름이 상단에 잡힌 채 자연스럽게 내려옵니다.

아일렛: 커튼 봉이 들어갈 정도의 구멍을 내고 아일렛을 끼우는 타입으로 수직으로 깔끔하게 떨어지는 주름을 잡을 수 있어 모던하고 조금 시크한 분위기를 낼 수 있습니다.

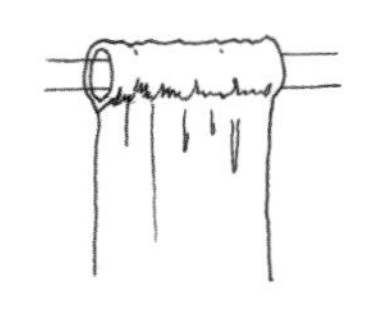

봉집형: 커튼 윗단에 봉집을 만들어 커튼봉을 넣고 적당히 주름을 잡아 고정하는 스타일입니다. 인위적으로 잡은 주름이 아니기 때문에 내추럴한 분위기 연출에 좋습니다.

TIP. 커튼박스에 따라 설치 스타일 정하기

창문 위를 보면 대부분 커튼박스가 있습니다. 그런데 커튼박스의 폭이 넉넉하지 않은 경우가 많아 봉 타입으로 설치하면 속지와 겉지의 설치공간이 비좁고 답답한 느낌이 들 수 있습니다. 그렇기 때문에 커튼박스가 있는 집에는 레일 타입으로 설치하기를 권장합니다.

커튼을 주문할 때 커튼 폭을 창의 가로 폭과 똑같은 사이즈로 주문하면 커튼을 활짝 폈을 때 아무 주름 없이 평평해집니다. 그러면 커튼의 아름다운 주름 느낌을 살리지 못하겠죠. 그래서 창 사이즈보다 1.5~1.7배 크게 주문하는 것이 일반적입니다. 하지만 봉집형 같은 경우는 2배 정도의 넉넉한 사이즈로 주문해야 예쁜 주름을 만들 수 있습니다. 반면 이미 주름이 잡혀 있는 나비주름은 창에 맞게 정사이즈로 제작해야 합니다.

기장은 바닥에 겨우 끌리지 않는 정도로 천장 높이에서 2~3cm 줄인 사이즈로 제작하면 좋습니다.

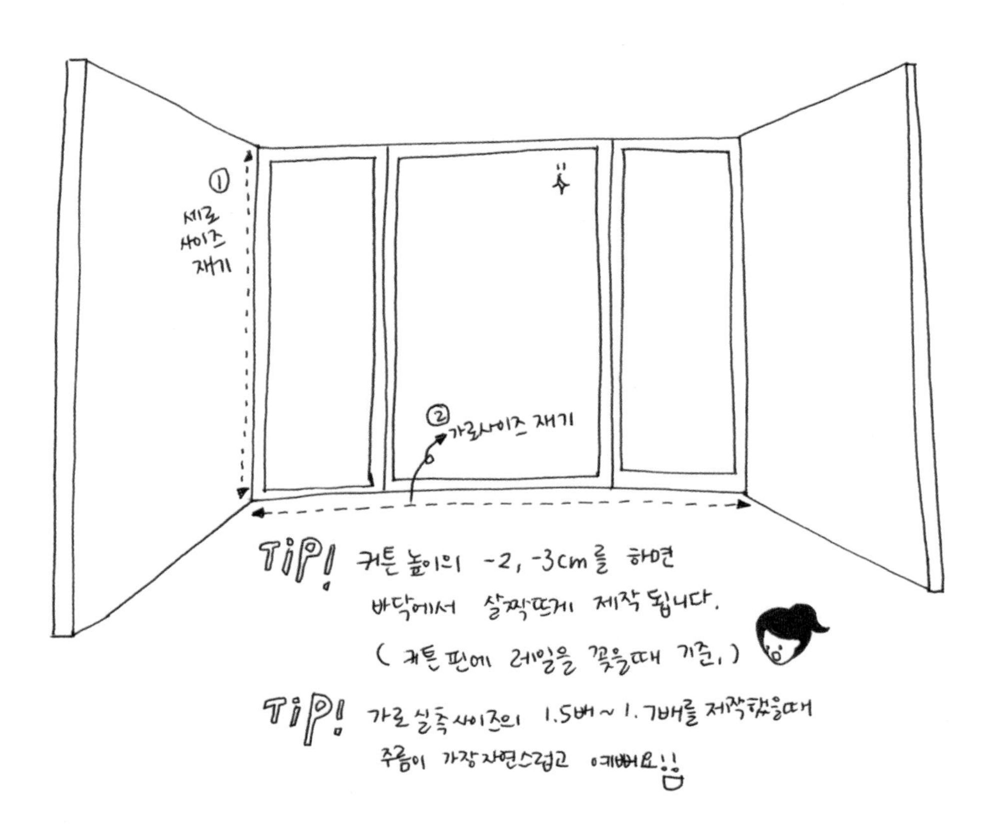

셀프로 커튼 제작하기

웬만한 셀프 집 꾸미기 고수라면 알 법한 동대문 천 시장에서 커튼 제작하기! 초크 자국 제거, 바느질 검수 등 부수적인 일을 직접 해서 비용을 줄일 수 있습니다. 뿐만 아니라 동대문에 가면 천 샘플 등을 직접 눈으로 보고 고르는 재미가 있죠. 여유가 있다면 셀프로 커튼 제작에 도전해보세요!

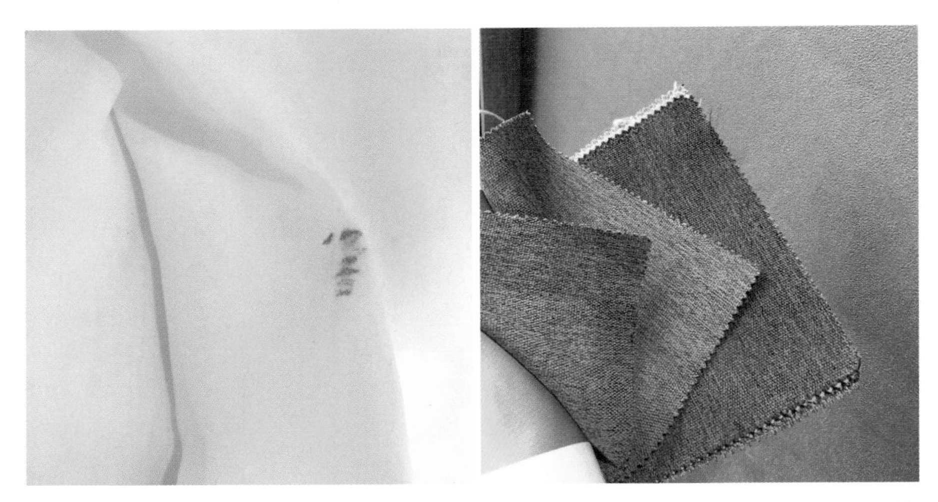

제작 시 발생하는 초크 자국에 놀라지 마세요. 브랜드 업체에서 주문을 하면 다 제거되서 배송되지만 셀프 제작을 하면 본인이 직접 지워야 해요. 초크 자국은 시간이 지나면 자연스럽게 사라지지만 바로 지우고 싶다면 분무기로 물을 뿌리고 칫솔로 문질러주세요.

TIP. 예쁘게 주름잡는 방법

1 설치 후 자연스럽게 펼쳐진 커튼에 분무기로 물을 뿌리며 주름을 만들어준다.

2 만들어진 주름 아래쪽을 살짝 묶어두어 모양을 유지해준다.

깔끔하게 떨어지는 느낌은 블라인드로

블라인드는 마치 비행기 날개처럼 블라인드 하나하나가 상하로 젖히며 태양의 빛을 조절합니다. 이때 젖히는 정도에 따라 블라인드를 통해 들어오는 빛이 달라지기 때문에 다양한 느낌을 연출할 수 있습니다. 또 전반적인 빛의 양을 고르게 조절할 수 있다는 장점이 있습니다. 블라인드의 각도 조절만으로 외부 시선을 완벽히 차단하면서도 충분한 자연광이 들어오게 할 수 있어 사생활 보호에도 좋습니다.

참고로 저는 밝고 포근한 느낌을 연출하는 오동나무로 된 우드 블라인드를 선호합니다. 대중적으로 사랑받는 참나무, 물푸레, 자작나무 가구의 컬러와 가장 잘 어울리는 컬러이기 때문이죠.

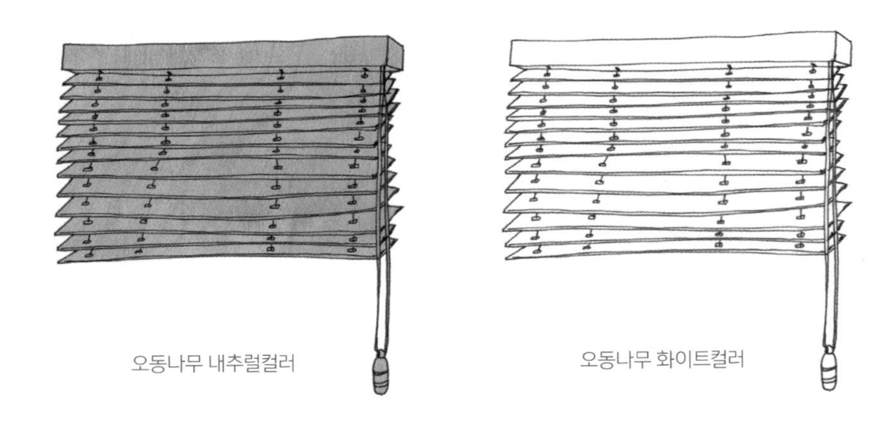

오동나무 내추럴컬러

오동나무 화이트컬러

우드 블라인드의 손잡이를 자세히 보면 심플한 우드 타입과 털실로 이루어진 타실 타입이 있습니다. 관심 있게 보지 않으면 놓치기 쉬운 부분인데요. 이왕이면 털실로 된 것보다 심플한 우드 타입이 깔끔한 공간 연출에 더 효과적이겠죠?

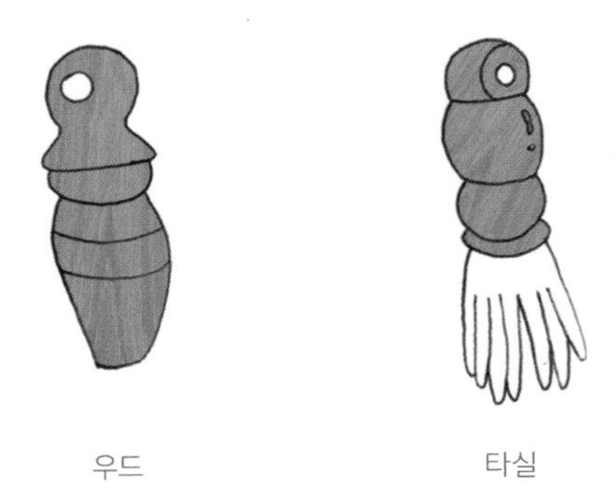

우드

타실

부분만 가리길 원한다면: 허니콤 블라인드

특수 가공 원단을 벌집 형태로 제작한 허니콤 블라인드는 가볍고 상단 레일이 작아 창틀 안에 딱 맞게 시공할 수 있습니다. 슬림한 디자인과 더불어 은은하게 빛이 들어와 세련되면서 아늑한 분위기를 연출해줍니다. 또 본인이 가리고 싶은 높이만 가릴 수 있어 전원주택이나 창 밖 전경이 좋은 곳에서 많이 사용하는 제품입니다.

창문의 일부만 가리는 허니콤 블라인드

도시적이면서 은은한 느낌: 콤비 블라인드 / 트리플 셰이드

위아래로 조절하면 밖이 보였다 안 보였다 하는 롤스크린입니다. 투명, 불투명이 일정 간격으로 반복되는 두 장의 원단으로 제작해서 같은 부분이 겹치면 밖이 보이고, 서로 엇갈리면 빛과 시야가 차단됩니다. 일반 롤스크린과 달리 롤스크린을 내린 상태에서도 외부 시야를 확보할 수 있으며, 블라인드보다 은은한 빛의 투과로 고급스러운 분위기를 연출합니다. 좀 더 세련되고 고급스러운 분위기를 연출하고 싶다면 트리플 셰이드, 합리적인 가격으로 효과를 보고 싶다면 콤비 블라인드가 좋습니다.

셀프 미니멀 홈스타일링 06 / 내 취향의 빛 연출하기

1. 자신이 좋아하는 빛 느낌은 무엇인가요?

2. 빛의 느낌을 정했다면 매칭 시뮬레이션으로 어울리는 제품을 찾아보세요.

3. 창 사이즈를 실측한 후 주문을 넣습니다.

커튼 가로 = 창의 가로 사이즈 (   ) x 1.5~1.7(봉집형은 2배 / 나비주름은 정사이즈)

커튼 높이 = 바닥 또는 창문 끝단에서부터 천장 높이 (   ) - 2~3cm

STEP 7

미니멀하고 따뜻한 분위기를 위한 조명

미니멀하게 스타일링하다 보면 때론 너무 휑하고 추워 보일 수 있어요. 마치 새하얀 집에 형광등을 켜놓으면 병원처럼 보이는 것처럼 말이죠. 그래서 조명이 중요합니다. 조명만 현명하게 잘 선택하면 미니멀하면서도 따뜻한 집 안 분위기를 연출할 수 있습니다.

조명 하나로 공간이 특별해져요!

"전시장에서 봤을 땐 분명 예뻤는데 왜 우리 집에선 그런 느낌이 안 들까?"

전시장에 쓰인 조명과 집에 사용된 조명의 색과 위치가 다르기 때문입니다. 조명의 색온도는 조명의 색을 결정짓는 요소입니다. 그리고 이 조명의 색을 시중에서는 전구색, 주광색, 주백색이라고 표시합니다.

집에서는 소위 형광등 색이라고 불리우는 주광색을 많이 사용하죠. 주광색 조명은 매우 밝아 조명 하나로도 주위를 환하게 밝힐 수 있다는 장점이 있습니다. 하지만 색온도가 높아 푸른빛을 띠기 때문에 공간이 매우 차가운 느낌이 들게 만듭니다. 힘들게 벽도 도배하고 원목가구로 꾸며놓고 포근한 분위기를 기대했는데 이 푸른빛 때문에 포근한 우드색마저도 차가워 보이고 심지어 기운이 빠지기까지 합니다. 주광색의 푸른빛이 포근한 분위기를 연출하는 데 가장 큰 방해요소인 것이죠. 그렇기 때문에 전시장, 카페, 호텔 등 분위기가 매우 중요한 곳에서는 절대 주광색 조명을 사용하지 않습니다. 분위기 있는 집을 연출하고 싶다면 주광색보다는 따뜻한 색을 지닌 조명이 필요하다는 뜻이죠.

밝고 따뜻한 주백색

따뜻한 색을 띠는 전구색을 많은 분들이 꺼려 하는 이유는 바로 너무 노랗고 어두워 눈이 침침하다는 점입니다. 하지만 따뜻한 색을 띠는 조명들이 모두 백열전구처럼 어둡지는 않습니다. 그 중 전구색보다 더 밝고 아이보리 컬러에 가까운 주백색이 있습니다. 주백색 조명은 노란 전구색보다는 색온도가 높고 차가운 주광색보다는 색온도가 낮아 아이보리색을 띠는 조명인데요. 태양광에 가장 가까운 빛으로 눈에 편안함을 줄뿐만 아니라 따뜻한 컬러 덕분에 공간의 분위기를 더욱 아늑하게 만들어주는 효과가 있습니다.

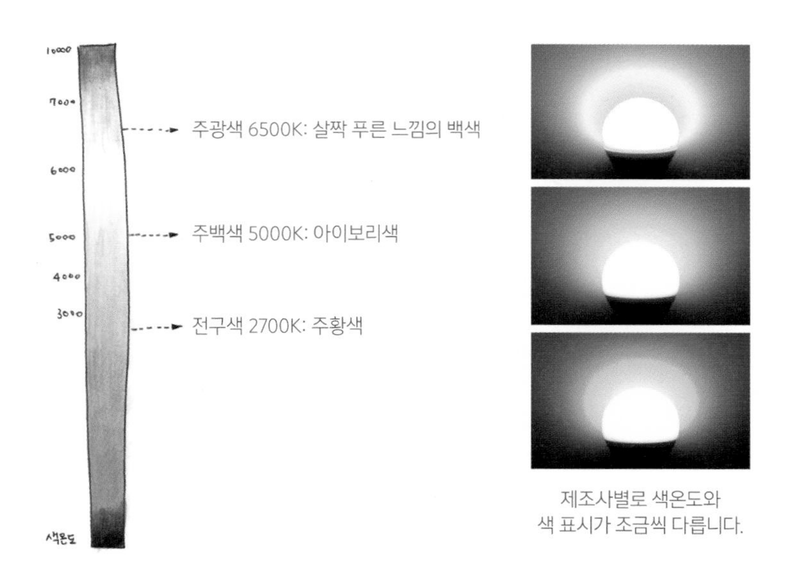

제조사별로 색온도와
색 표시가 조금씩 다릅니다.

주광색

주백색

전구색

공사 없이 매입 등과 펜던트 조명 달기

분위기 연출을 위해 매입 등이나 펜던트 조명을 자신이 원하는 위치에 달고 싶은데 그렇게 하려면 천장 공사를 해야 한다고 생각하는 분이 많습니다. 저 역시도 처음엔 전기에 대한 막연한 두려움이 있어 공사를 해야 하는 줄 알았거든요. 하지만 우물천장, 간접조명 등의 큰 공사가 아니라 원하는 위치에 펜던트 조명이나 매입 등을 설치하는 정도는 시공 없이도 가능합니다.

전기배선 추가 작업은 일반적으로 콘크리트 벽과 천장 사이에 여유 공간을 활용해 전선을 원하는 위치로 끌어오는 방법입니다. 이렇게 하면 큰 공사 없이도 어느 정도 자신이 원하는 위치에 조명을 설치할 수 있습니다.

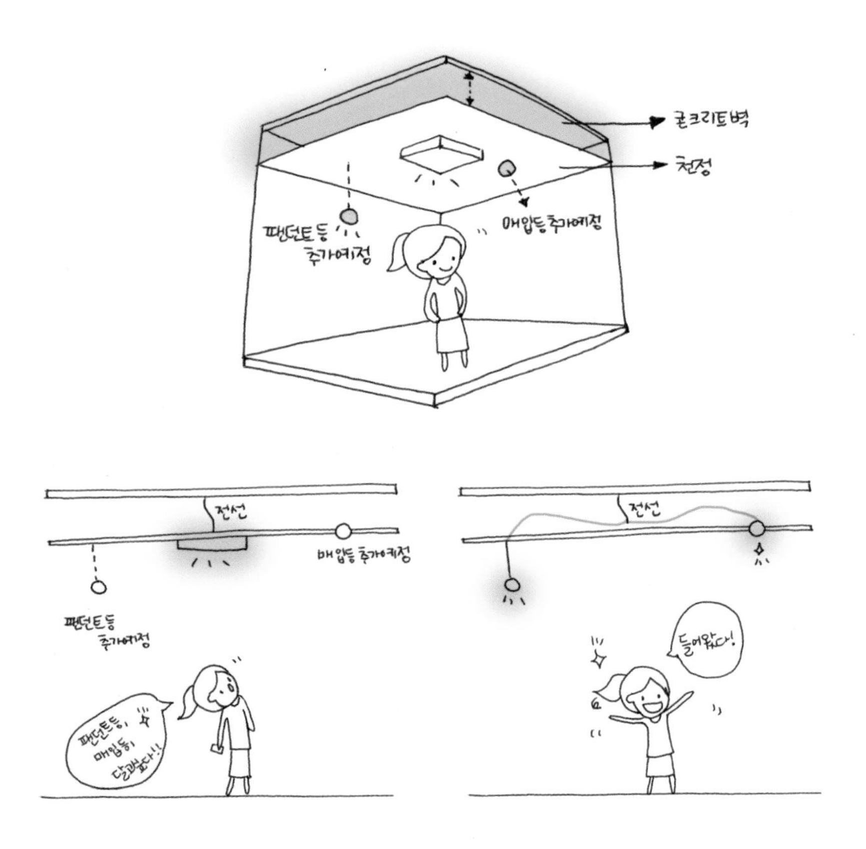

전기배선 추가작업을 통한 매입 등 자리 잡기

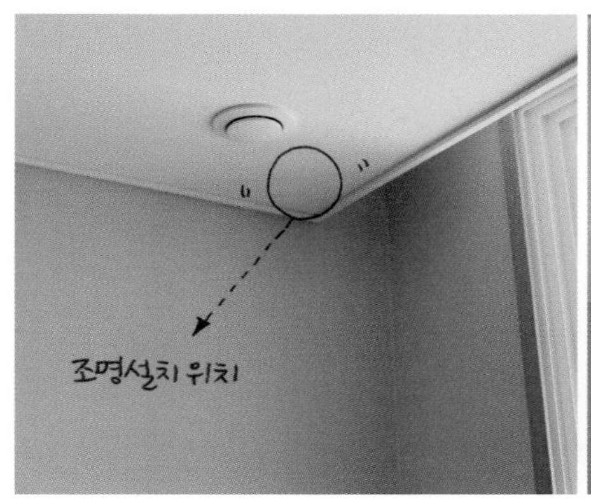

매입 등 설치 예시

TIP. 조명 달 때 석고피스 사용하기

천정의 마감은 석고보드로 되어 있습니다. 그런데 이 석고보드는 내구성이 약해서 나사를 박아도 조금만 힘을 가해 당기면 '툭!'하고 떨어질 수 있습니다.

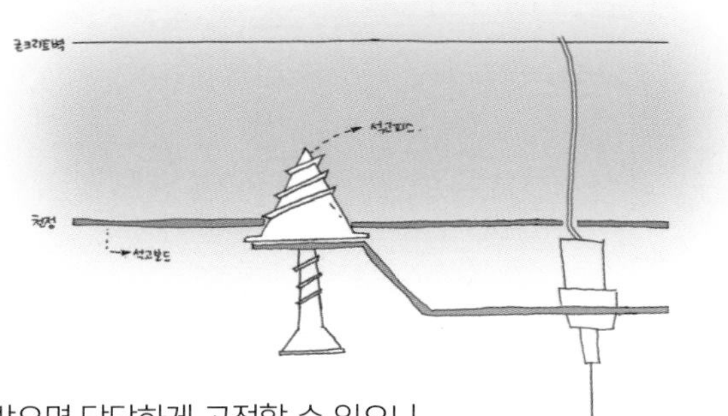

석고피스를 먼저 박고 나사를 박으면 단단하게 고정할 수 있으니 무거운 조명일수록 석고피스를 사용해서 단단히 고정하세요.

전기배선 추가작업은 도배 전과 후에 모두 가능하나 장단점이 있습니다. 전기배선 추가작업은 기존에 있던 전기 선을 다른 곳으로 넘기기 위해 보내는 사람과 받아 주는 사람, 이렇게 2명이 필요합니다. 그래서 단순히 조명 설치라고만 문의하면 한 분만 와서 배선 추가작업이 불가능할 수 있어요. 또 기사님에 따라 작업이 어려운 경우도 있으니 미리 가능 여부를 문의하세요!

	조명 설치 → 도배	도배 → 조명 설치
장점	• 도배 후 설치보다 설치 위치에 대한 제약에서 자유롭습니다. • 조명 설치 후 도배를 하기 때문에 마감이 깔끔합니다.	• 가구를 들여놓고 설치가 가능하므로 육안으로 위치를 체크해가면서 설치가 가능합니다.
단점	• 가구를 놓기 전에 조명을 설치하는 것이기 때문에 사전에 철저한 계획을 세워야 실수를 막을 수 있습니다.	• 설치 위치에 제약이 많습니다. • 기존에 있던 조명 자리 때문에 도배 마감이 지저분해질 수 있고 도배지가 손상을 입을 수 있습니다.

TIP. 전기배선 추가작업이 어려운 경우

1. 노출 천장이거나 천장과 콘크리트 벽 사이가 매우 좁은 경우
2. 배선 추가하려는 위치가 기존 메인 등의 위치와 너무 떨어진 경우
3. 배선 추가를 위해 전선이 천정 에어컨, 스프링쿨러 등 기타 기기를 거쳐가야 하는 경우

합리적인 가격의 미니멀한 펜던트 조명 찾기

펜던트 조명은 공간을 밝히는 역할뿐 아니라 조명 그 자체로도 뛰어난 인테리어 소품입니다. 하지만 수입 펜던트 제품은 보통 40~100만 원을 넘을 만큼 고가의 제품이 많습니다. 그만큼 세련되고 미니멀한 제품이긴 하지만 20만 원 이내의 합리적인 가격의 국내 업체 제품으로도 멋지게 집 안 분위기를 연출할 수 있습니다.

합리적인 가격대의 추천 조명

아이쉐도우, 10만4천 원 | 마스카라, 16만 원 | 디스코, 7만2천 원

모던라이팅 www.modernlighting.co.kr | 메가룩스 www.megalux.kr
까사인루체 www.casainluce.co.kr | 프로라이팅 www.prolighting.co.kr

TIP. 숨겨진 보석 찾기

남들과 다른 독특한 디자인의 제품을 원한다면 직접 오프라인 샵을 방문해보세요. 경우에 따라 사이트에 올라오지 않은 독특한 제품들을 현장이나 소개 책자에서 찾아볼 수 있고 주문제작도 가능하답니다.

셀프 미니멀 홈스타일링 07 / 조명 위치 계획하기

1. 배치도 만들기

파워포인트로 완성한 가구 배치도를 보면서 자신이 원하는 곳에 조명 위치를 잡아봅니다.
그리고 이 배치도를 바탕으로 전기 기사님을 불러 조명을 설치합니다.

조명 배치도 샘플

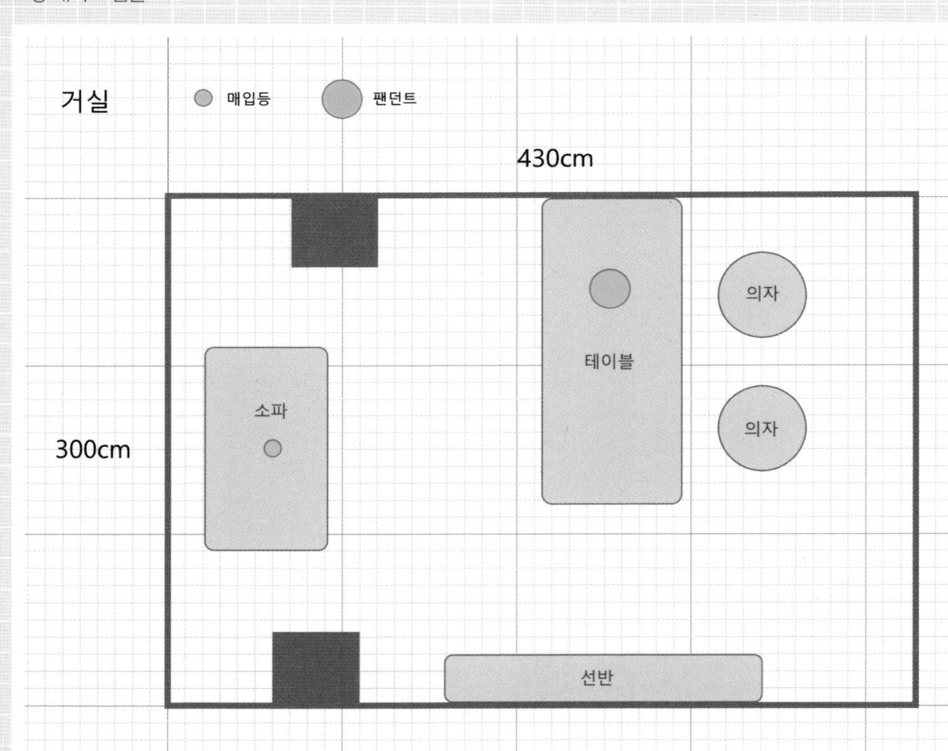

2. 조명 매칭 시뮬레이션

이전까지 해오던 매칭 시뮬레이션에 원하는 조명을 찾아 얹어보세요.
그리고 공간과 가장 잘 어울리는 조합의 제품으로 선택하세요.

STEP 8

꼼꼼하게 고른 미니멀 소품으로 공간에 생기를!

장식용 소품 못지않은 필수 아이템은 미니멀 홈스타일링의 굉장히 중요한 조력자죠! 요즘에는 생활에 필요한 아이템도 굉장히 깔끔하고 예쁜 제품이 많죠. 실용성과 디자인을 동시에 고려해서 고르면 홈스타일링에 중요한 요소가 될 수 있습니다. 한번 사면 오래 두고 사용해야 하기에 쉽게 질리지 않는 디자인으로 선택하는 것이 좋습니다.

핀터레스트로 나만의 아이템 모으기

제품을 하나씩 찾다 보면 어떤 제품이 자신에게 꼭 맞는 제품인지 단번에 알긴 어려운데요. 모든 제품 이미지를 한곳에 모아 한눈에 볼 수 있다면 조금이나마 자신에게 맞는 제품을 찾는 데 도움이 되지 않을까요?

핀터레스트(Pinterest) 사이트를 활용하면 나만의 아이템 정보를 모아 비교할 수 있습니다. 핀터레스트는 쉽게 말하자면 세상의 모든 이미지를 모을 수 사이트입니다. 자신이 어느 사이트를 방문하든 그곳에 마음에 드는 이미지가 있다면 'Pin-it'이라고 쓰인 버튼을 클릭해서 본인의 핀터레스트 계정에 즐겨찾기를 해놓을 수 있습니다. 그리고 필요에 따라 본인 계정에 모아둔 이미지를 클릭하면 원래 사이트로 바로 접근 가능하기 때문에 이곳저곳에서 어렵게 찾아놓은 아이템 정보를 편리하게 관리할 수 있습니다.

물론 일반적인 즐겨찾기를 활용하는 방법도 있지만 사이트 즐겨찾기는 텍스트 중심이기 때문에 원하는 이미지가 있는 사이트인지 클릭해봐야 확인할 수 있죠. 반면 핀터레스트는 이미지를 한눈에 확인할 수 있어 원하는 제품정보가 담긴 사이트로 바로 접속할 수 있다는 장점이 있습니다. 본인에게 가장 잘 맞는 방법으로 제품정보를 모아두면 됩니다. Pin-it기능은 현재 크롬브라우저에만 사용할 수 있는 기능이니 참고하세요.

핀터레스트 활용법

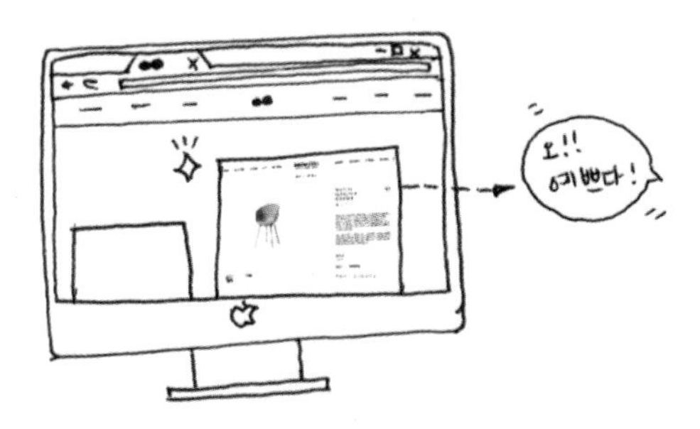

1 자신이 원하는 가구 소품을 찾았습니다.

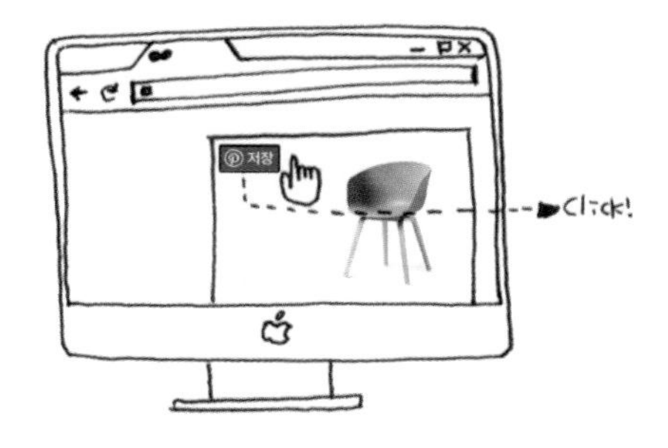

2 마음에 드는 이미지를 Pin-it 합니다.

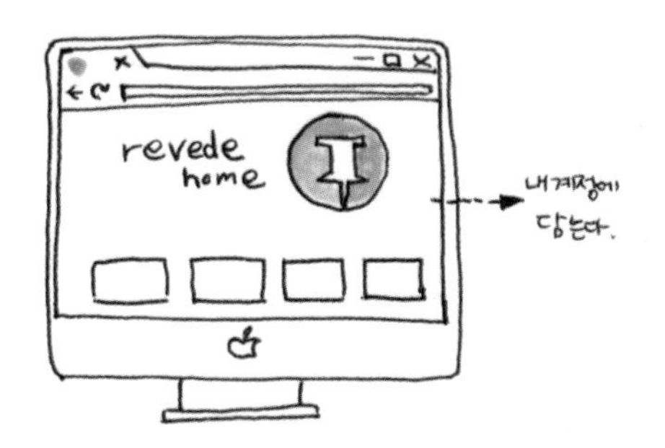

3 내 계정에 담습니다.

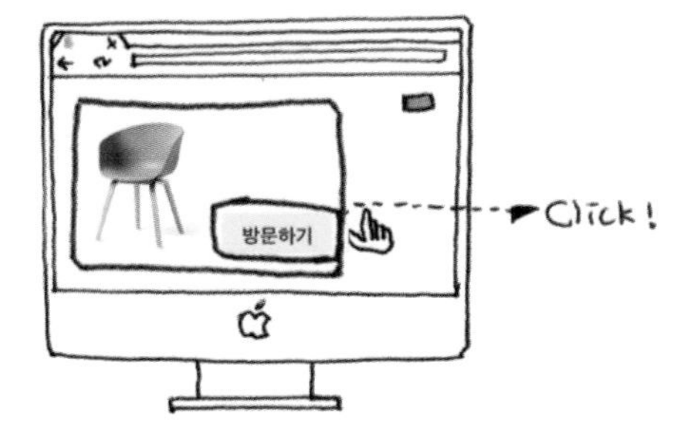

4 계정에 담긴 이미지를 클릭하여 찾아둔 사이트로 접속합니다.

센스 있는 미니멀 라이프를 위한 추천 소품

생활소품

12 CLOCKS / 제로밀리미터
59,000 원

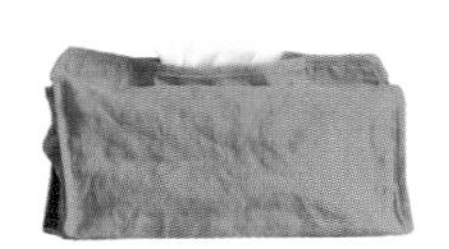

블루 리넨 자스민
티슈케이스 / 주미네
15,000 원

쿠션 슬리퍼 XL 베이지 / 무인양품
10,900 원

토일렛 포트 / 무인양품
9,600 원

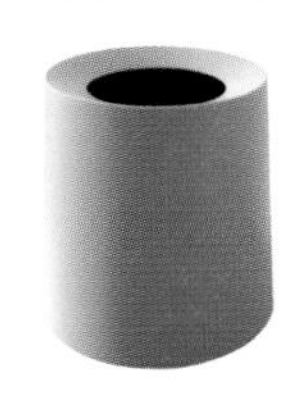

Tubelor Homme Sand / 이데아코
59,000 원

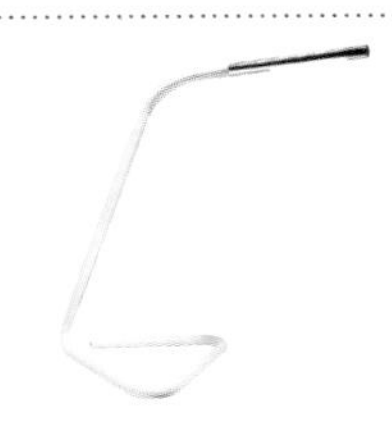

조명(HÅRTE) / 이케아
19,900 원

수납함

마이룸 케이블 미니 / 시스맥즈
6,500 원

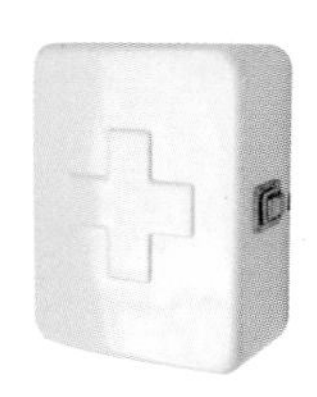

First Aid Box White / 키커랜드
47,000 원

Pocket Organizer 2 /
노먼 코펜하겐
30,000 원

VARIERA / 이케아
7,900 원

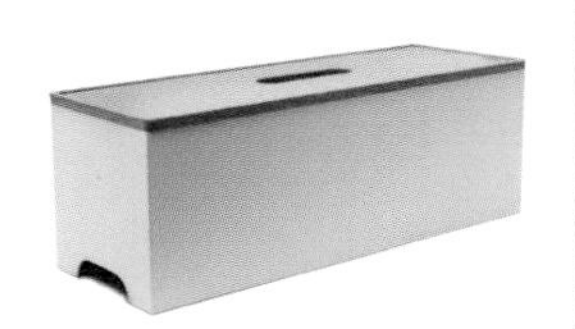

KVISSLE / 이케아
19,900 원

KUGGIS / 이케아
7,900 원

이미지 제공: 이케아

청소도구 및 우산꽂이

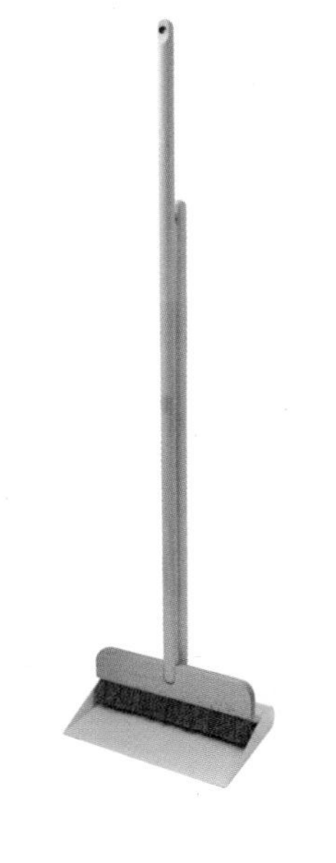

ANVÄNDBAR / 이케아
24,900 원

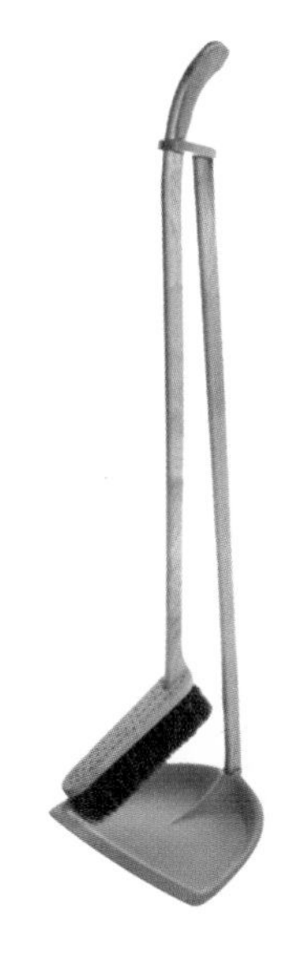

Dustpan & Brush Set /
이리스 한트베르크
119,000 원

컴팩트 우산 스탠드 / 무인양품
53,000 원

기타 소품

Curve Hook /
노먼 코펜하겐
30,000 원

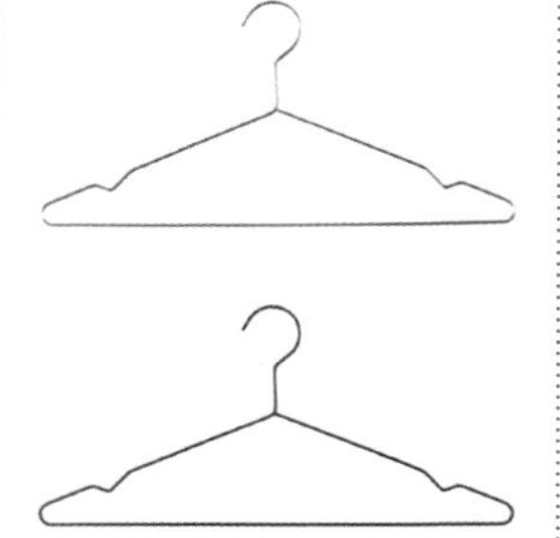

Hang Hanger Black Copper
5pcs / 이노메싸
18,000 원

미스케일 스마트 디지털 체중계 /
샤오미
40,000 원대

이미지 제공: 이노메싸

셀프 미니멀 홈스타일링 08 / 필수 아이템 매칭으로 시뮬레이션 완성

드디어 매칭 시뮬레이션의 마지막 단계입니다!
소품을 얹어보면서 공간과 어울리는 제품을 찾아보세요.

거실 매칭 시뮬레이션 완성 예:
깔끔한 느낌을 강조하기 위해 화이트를 주색으로 진행하였고 조명과 식물을 활용하여 산뜻함을 더하였습니다.

주방 매칭 시뮬레이션 완성 예:
오크원목과 연그레이의 기본색 위에 밝은 베이지의 소파와 액자로 은은한 분위기 연출했습니다. 어두운 그레이를 포인트 컬러로 사용해 공간에 재미를 주었습니다.

03

사례로 보는
'감성 미니멀 홈스타일링' 포인트

POINT 1 틈새공간을 활용해 깔끔하게 수납하기

작은 침실이지만 틈새공간에 딱 맞는 수납장과 거울을 놓아 남편을 위한 화장대 겸
수납공간을 만들었습니다.

벽선반: 럼버잭_원목 베이직 선반 • 벽거울: 무인양품

미니멀하게 스타일링하려면 '귀신 같은' 수납이 필요합니다. 우리 집에 숨은 공간, 죽은 공간이 없는지 찾아보세요. 그리고 그 공간에 딱 맞는 나만의 수납장을 제작하면 효과적으로 집이 정리됩니다. 혹시 운이 좋아 틈새공간에 쏙 들어가는 가구를 발견한다면 더 좋고요. 이렇게 하면 집 안에 통일감도 줄 수 있습니다.

책을 즐겨보는 미니멀리스트 부부의 집이라 계단 옆
틈새공간에 책장을 맞춤 제작했습니다. 공간이 깔끔해졌을 뿐 아니라
멋진 인테리어 요소가 되었죠.

책장: 메이킹퍼니처_맞춤제작 • 책상: 메이킹퍼니처_DT013
• 의자: 헤이(HAY)_About a Chair • 벽시계: 세그먼트_Dish Wall Clock(Atipico)

벽선반 밑 '죽은 공간'에 수납하기 애매한 형태의 물건들(헤드폰 등)을 걸 수 있는
걸이를 설치해두니 보기 좋은 스타일링 소품이 되었습니다.

선반: 두닷_우디800사각선반 • 수건걸이 & S자고리: 손잡이 닷컴

침대만 들어갈 수 있는 협소한 방이라 수납공간이 있는 침대를 제작했습니다.
침대 아랫부분에 라탄 바구니를 넣었더니 깔끔한 수납이 가능해졌습니다.

라탄 바구니: 한샘_내츄럴 라탄 바스켓(대) • 사이드 테이블: 바이헤이데이_Wood Mini Shelf • 천정 조명: 모던라이팅_시오원형PD

POINT 2 바 테이블로 알뜰하게 공간 활용!

식구가 많은 집이라면 바 테이블을 활용해 독립적이면서도 함께 공부하는 분위기를 만들 수 있어요.

책상: 한샘_플렉스 책상 • 수납 소파: 비앙스_지오니 • 벽선반: 이케아_Lack • 바 체어: 온움가구_168 • 스탠드 조명: 마켓비_Vasara

공간이 협소하다면 큰 테이블을 놓아 공간을 답답하게 만들지 마세요. 바 테이블이나 작은 테이블을 두면 공간을 훨씬 절약할 수 있고 틈새공간이나 죽은 공간을 활용하기도 좋아요. 책을 읽고 커피를 마실 정도라면 큰 테이블은 필요 없겠죠. 바 테이블은 여러모로 활용성이 높고 창가에 앉아 바깥을 볼 수도 있답니다.

노트북 정도만 놓을 거라면 아주 작은 테이블을 놓는 게 좋습니다. 쓸데없이 큰 테이블을 놓으면 공간을 많이 차지할 뿐 아니라 자꾸 물건을 올려놓게 되어서 공간이 어지러워지기 쉬워요.

1인 테이블: 오블리크테이블_오크라운지테이블 01 • 1인 체어: 이노메싸_About A Chair AAC12 Grey/Oak • 펜던트 조명: 이노메싸_Caravaggio Pendant Lamp(LIGHT YEARS)

서재에도 바 테이블을 놓으면 창가를 바라보며 일할 수 있습니다. 공간을 절약해
의자를 2개 정도 놓을 수 있다면 나란히 앉는 것도 가능하죠.

바 체어: 온움가구_168 • 바 테이블 : 온움가구_맞춤제작 • 벽선반: 엘름_모던와이드선반
• 펜던트 조명: 모던라이팅_써커스PD • 작업등: 이케아_JANSJÖ

독특한 구조의 거실형태로 소파 뒤가 애매하게 죽은 공간이 될 수 있었지만 바 테이블을 놓아 창밖을 보며 차 한잔 마실 수 있는 공간이 되었습니다.

소파: 시세이_Ash Fabric Sofa • 액자: 인디테일_Souzon • 스탠드 조명: 모던라이팅_트라이장ST

POINT 3 라이프스타일을 먼저 생각하기

똑같은 싱글침대 2개를 붙여서 하나처럼 보이게 해도 좋습니다.
다만 침대 사이가 벌어지지 않게 주의하세요.

침대: 메이킹퍼니처_맞춤제작 • 침구: 마틸라_올댓썸머 리플면 여름침구

내 생활에 최적화된 편안한 집을 만드는 것이 미니멀 홈스타일링의 목표입니다. 예를 들어 어린 자녀를 둔 가정이라면 아직은 아이들과 부부가 한 방에서 자는 일이 많죠. 이럴 땐 가족이 다 같이 잘 수 있는 가족침대를 제작하면 좋습니다. 제작하기 힘들다면 침대 2개를 붙여서 사용해도 됩니다.

아이 침대를 구매하고 싶다면 부부 침대와 가장 유사한 컬러나 재질을 택하는 것이 좋습니다.
만약 이미 구매했다면 침구를 통일해서 조화로운 분위기를 만들어주세요.

침대: 시세이_Ash Bed • 데이베드: 한샘_그루원목침대 • 액자: 하일리힐즈_Pink Rabbit • 쿠션: 타니홈_구름비 쿠션

수퍼싱글 매트리스 2개를 꼭
맞게 넣을 수 있는 프레임을
맞춤 제작했습니다

침대: 세레스홈_Oak TR Bed
• 벽선반: 무인양품_데코우드

POINT 4 호텔식 침구로 아늑한 침실을

침구와 쉬폰커튼까지 모두 화이트 톤으로 맞추고
암막커튼에만 베이지 컬러를 매치해 은은한 분위기를 연출합니다.

침구: 왓디자인_호텔침구 화이트 • 구스_헬렌스타인 • 테이블 조명: 카사인루체_Nimo
• 커튼: 메종드룸룸_격자무늬 라이트 베이지 암막커튼 & 밀키 쉬폰 속지커튼

미니멀 홈스타일링은 호텔처럼 꼭 필요한 물건만으로 쾌적하고 편안한 집을 만드는 것입니다. 호텔을 벤치마킹하기 가장 좋은 공간이 바로 침실이죠. 호텔방 같은 화이트 침구는 청결하고 기분 좋은 느낌을 줍니다. 침구는 때가 잘 타는 밝은색이어야 청소와 세탁에도 더 신경을 쓰게 되죠.

쉬폰커튼 사이로 들어오는 밝은 햇살에 반사된 하얀 침구는 공간을 더욱 청정한 느낌이 들도록 만듭니다.

침구솜_크라운구스 • 커튼: 메종드룸룸_
레이 멜란 딥 그레이 암막커튼 & 밀키 쉬폰 속지커튼

침대: 오블리크테이블_오크 베드 02 • 옷장: 한샘_폴린 오크 붙박이장 • 침구: 메종드룸룸_초이 호텔베딩세트

POINT 5 필요한 가구도 최대한 간결하게

협탁의 기능이 합쳐진 일체형 디자인의 침대로 깔끔한 침실을 만들었습니다.
심플한 독서등 하나로 아늑한 분위기가 완성되었어요.

침대: 시몬스침대_F2178 • 독서등: 이케아_JANSJO LED 집게등 스포트라이트

집 안에 필요한 가구들도 최소화할 수 있습니다. 가구를 축소하면 물건이 줄어드는 효과도 있죠. 화장대나 수납장을 선반으로 만들면 청소하기 편할 뿐 아니라 공간이 훨씬 시원하고 넓어 보여요.

수납장도 최소화해서 선반으로
바꾸면 공간이 깔끔해져요.

벽선반: 엘름 • 시계: BMIX_오클락

텔레비전 대신 책장을 두었습니다.
이 벽면을 모두 책으로 채우는 대신
빈 공간을 두어 훨씬 숨이 트이고
감각적인 분위기를 만들었습니다.

책장: 세레스홈_Hyperion Book Case
• 작은 액자: 하일리힐즈_Hi, Phillip & Hi, Fiona
• 벽선반: 두닷_밀라노

거실에 수납할 용품이 많지 않다면 TV장 대신 일자로 된 선반을 달아보는 것은 어떨까요? 그곳에 추억이 담긴 소중한 소품 몇 개만으로 공간을 남다르게 연출해보세요. TV 뒷편에 셋탑박스와 와이파이 공유기를 모두 숨겨 설치하고 콘센트 있는 곳에 박스를 만들어 전선들을 가리면 깔끔한 공간 연출이 가능합니다!

벽선반: 공방 맞춤제작

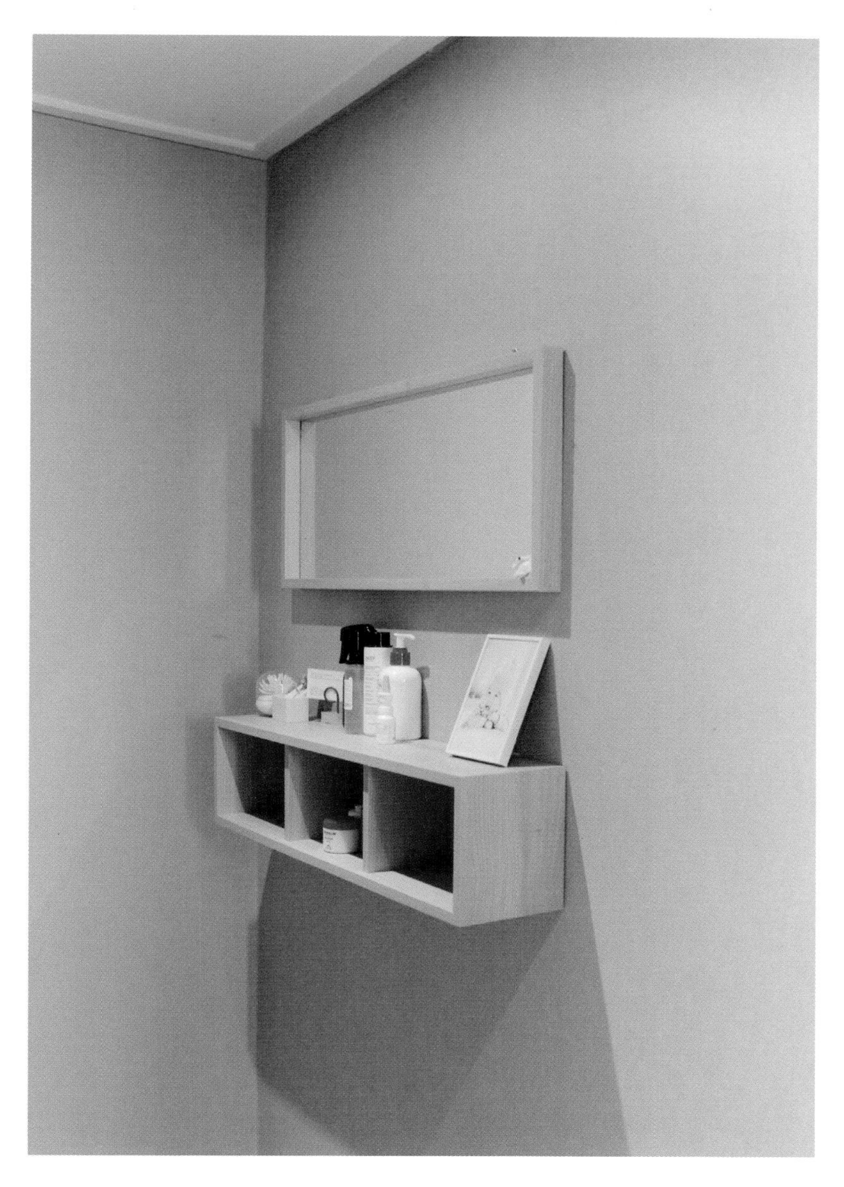

화장품이 많지 않다면 벽걸이 화장대를 만들어보세요. 생활습관도 미니멀하게 바뀐답니다.

벽거울 및 선반: 두닷_우디 800 선반 & 거울세트

POINT 6 소재와 색으로 통일감 있는 공간 연출

전체적으로 화이트와 그레이 컬러로 통일하고 가구도 주로 원목으로 맞췄습니다.
이렇게 하면 공간이 잘 어우러져 더 넓고 깔끔한 느낌이 듭니다.

블랙 벽조명: 프라다라이팅_원통형 벽등 • 화이트 펜던트 조명: 모던라이팅_레이싱PD 2호

요즘은 거실과 주방이 하나로 묶인 구조가 많아지고 있습니다. 그렇기 때문에 두 공간을 분리하지 않고 하나의 공간으로 보고 스타일링하는 것이 중요합니다. 이를 위해서는 전체적인 공간의 톤이나 가구의 소재를 맞추는 것이 좋습니다. Point 6에서 소개하는 집은 가구의 원목 종류를 통일하거나 유사한 컬러를 사용해 두 공간이 연결된 느낌이 들도록 연출한 곳입니다.

톤이 다른 그레이 색상의 벽지, 시트지, 소파를
선택해 마주보고 있는 거실과 부엌을 연결된
느낌으로 스타일링했습니다. 그레이 색상이
많아지면 자칫 차가운 느낌이 들 수 있어 밝은
원목식탁으로 포근함을 연출했어요.

소파: 알로프_AW소파 • 식탁: 한샘_로하 원목식탁세트

거실과 주방이 연결된 구조로 소파, 거실장, 식탁을 같은 브랜드의 오크 원목으로 선택했습니다. 이처럼 가구의 톤을 맞추면 공간에 통일감을 더할 수 있습니다.

왼쪽 소파: 오블리크테이블_오크소파02 • 거실장: 오블리크테이블_오크TV스탠드 03 • 러그 : 빌라토브_Net Carpet(HOKMOT) • 식물 : 브라더가든_ 뱅갈고무나무 • 커튼: 메종드룸룸_보타닉 내츄럴 베이지 커튼 & 밀키 쉬폰 속지커튼
아래 식탁: 세레스홈_Themis Dining Table(애쉬) • 식탁의자: 헤이(HAY)_J77 Chair • 펜던트 조명: 이노메싸_Sinker Pendant(wrong.london) • 소파: 카레클린트_애쉬 3인소파 • 테이블 매트: 데이글로우_Cloud Table Mat

POINT 7 잘 가리는 것도 중요

현관에서 들어오면 소파 옆면이 고스란히 드러나는 공간을 가벽으로 단정하게 연출했습니다.

쿠션: 바이브라운_워싱리넨 커버 • 액자: 휴아트_ PICF-202

비우는 것만큼 잘 가리는 것도 중요하죠! 모든 가구를 없애지 않는 한 다소 거친 부분도 생기기 마련입니다. 현관에서 문을 열고 들어오자마자 거실이 보이는 구조라면 부자연스럽게 튀어나온 냉장고 옆면이나 지저분한 부분을 가리고 싶을 때가 있죠. 또는 생활하기 편하게 공간을 나누고 싶을 때도 있습니다. 이럴 때 가벽을 활용하면 답답해 보이지 않으면서도 공간이 깔끔하게 정리될 수 있습니다.

침대와 책상이 공존하는 방에는 낮은 가벽을 세워도 좋습니다. 책상만 살짝 가려주면 공부할 땐 열심히, 잘 때는 충분히 휴식을 취할 수 있으니 일석이조의 공간 활용도 가능합니다.

침대: 까사미아_에단 베드 SS • 책장: 두닷_스툰3 800책장(도어형) • 침구: 메종드룸룸_샌더스 스트라이프 베딩세트 • 구름벽등: 램프다_구름모양벽등 • 커튼: 왓디자인_북유럽모던 스트라이프 • 곰쿠션: 키티바니포니_Animal Polar Bear • 쓰레기통: 마켓비_페달 휴지통 5L

가벽을 이용해 홈바 공간을 가렸습니다.
은은한 빛이 새어 들어오는 망입유리를
활용하면 카페 분위기를 낼 수 있죠.

벽시계: 넥스타임_Hands • 벽선반: 이노메싸_String pocket • 펜던트 조명: 모던라이팅_에디슨 전구

거실에서 주방이 바로 보이는 구조이기 때문에 지저분한 냉장고 옆면을 가렸습니다. 가벽이 답답해 보일 수 있기 때문에 불투명한 유리를 활용해 은은하게 비치도록 했습니다.

식탁 세트: 퍼니매스_맞춤제작 • 펜던트 조명: 모던라이팅_써커스PD

POINT 8 오래 쓸 수 있는 소재로!

아이가 있는 집이나 피부가 약한 분들은 초미세섬유 소재의 소파를 사용하면 좋습니다.

소파: 헷세드_프란시스 • 액자: 에이치픽스_Pickles Poster-Plum(DARLING CLEMENTINE) • 벽시계: 모노톤마켓_파텍플립 • 미끄럼틀: 베러댄베러_원목미끄럼틀레빗 • 러그: 빌라토브_Star Circle(HOKMOT)

미니멀한 홈스타일링을 위해서는 꼭 필요한 아이템만 오래 쓸 수 있는 것으로 구입하는 게 좋습니다. 질리지 않는 심플한 디자인과 함께 내구성, 실용성 등도 고려해서 신중하게 고르는 거죠. 특히 반려동물이 있거나 아이가 있는 집이라면 가장 고민되는 것이 아마 소파의 소재일 거예요. 패브릭으로 된 소파는 관리가 힘들 것 같고, 가죽을 사더라도 밝은 색은 금방 더럽혀질 것 같고요. 앞에서 설명한 초미세섬유 소재의 소파를 선택하면 청소와 관리가 편해집니다.

내오염성이 우수한 소재의 소파는 진드기가 서식할 수 없고 알코올이나 물로
깨끗하게 청소할 수 있어 반려동물이 있어도 관리가 쉬워요!

소파: 카레클린트_오크3인소파(알칸타라) • 벽조명: 메가룩스_인스타일 벽등 • 액자: 판다스틱_메탈 모던 야자나무
• 식물 포스터 액자 팜트리 그림자2 & 메탈 모던 보타니컬 야자수 포스터 액자 팜트리 그림자

POINT 9 기존 가구를 중심으로 한 실속 있는 미니멀

필수 아이템만으로 스타일링하는 미니멀 홈스타일링에서는 공간의 분위기를 좌우하는 메인 가구가 중요합니다. 그래서 메인 가구를 먼저 결정한 후 그에 어울리게 다른 아이템을 매치합니다. 하지만 미니멀 라이프를 시작하겠다고 있던 가구를 버리고 미니멀한 디자인의 제품으로 새로 사는 일은 없어야겠죠. 이미 갖고 있는 가구를 현명하게 활용해도 멋진 스타일링을 할 수 있습니다.

이 집에는 기존에 가지고 있던 아이보리 컬러의 가죽 소파와 짙은 갈색의 1인용 의자가 있었죠. 마침 가죽 소파는 낡고 지저분해져 있었기에 1인용 의자에 맞춰 짙은 갈색으로 리폼을 했습니다. 책상 역시 비슷한 톤으로 맞추었죠. 다만 공간이 너무 무거워지는 걸 막기 위해 밝은 회색의 원형 러그를 깔았습니다.

소파: 한샘 제품 리폼 • 1인용 의자: 쿠에로_레더 마리포사 체어 • 사이드 테이블: 루밍_Eames Wire Base Low Table(Herman Miller) • 원형 러그: 바이빔_비기닝 러그 • 책상: 메이킹퍼니처_맞춤제작 • 작업등: 이케아_Arod 단 스탠드

POINT 10 햇살을 이용해 자연의 무늬 입히기

미니멀한 집에는 패턴을 거의 쓰지 않죠. 인위적으로 꾸민 패턴보다는 자연이 주는 패턴을 활용해 보세요. 햇볕이 잘 드는 집이라면 더욱 좋습니다. 햇살의 궤적, 유리창에 담겨진 바깥 풍경의 움직임, 이 모든 풍경들이 비워진 공간을 충만하게 채워줄 거예요. 커튼이나 블라인드를 달아 햇살이 만드는 자연의 무늬를 공간에 입혀보세요.

커튼을 통해 들어오는 은은한 햇살은 나만을 위한
조용하고 편안한 공간을 만들어줍니다.

1인 체어: 헤이(HAY)_Hee Dining • 1인 사이드 테이블: 헤이(HAY)_DLM Side table • 커튼: 메종드룸룸_밀키 쉬폰 속지커튼

소파: 세레스홈_ Eloro Sofa(울트라스웨이드) • 소파 테이블:
세레스홈_Laminate Cubis Sofa Table • 액자: 하일리힐즈
_Forest no.1 & Garden Hexagon no.1

우드 블라인드는 빛의 양을 조절할 수 있어 원하는 대로
빗살무늬를 변화시킬 수도 있습니다.

액자: 커먼키친_Lisa jones Studio Bear Risograph • 스탠드조명: 마켓비_마켓비 VASARA 단스탠드

POINT 11 좁은 공간엔 아일랜드 테이블을

식탁을 넣으면 복잡해지는 공간이라 홈바형 아일랜드 테이블을 놓았습니다.
테이블 밑에 쏙 들어가는 바 체어를 놓아 더욱 깔끔합니다.

아일랜드 테이블: 한샘 키친 • 펜던트 조명: 메가룩스_프라스코 • 의자: 헤이(HAY)_About a Stool • 벽시계: 세그먼트_Wall Clock X020 White

주방 공간이 협소하고 싱크대도 좁은 집이라면 아일랜드 테이블이 유용해요. 식탁이 되기도 하고 조리하기에 편할뿐더러 테이블 아래에 수납도 할 수 있거든요. 하지만 공간에 딱 맞는 사이즈에 디자인까지 갖춘 제품을 찾기는 어려우니 맞춤 제작을 하는 게 좋습니다.

무늬목으로 만든 맞춤 아일랜드 테이블은 가격도 합리적이면서 심플한 공간을 연출하는 데 효과적입니다.

아일랜드 테이블: 온움가구_맞춤제작

POINT 12 액자 속 그림도 미니멀하게

그레이 벽과 화이트 침구에 어울리게 눈 덮인 들판을 연상시키는 그림을 달았습니다.

액자: 휴아트_ Big 007

필수 아이템의 컬러와 비슷한 미니멀한 그림 한 점은 가구와 하나가 되어 공간에 자연스럽게 녹아 들고, 산뜻하고 깔끔한 분위기를 오히려 살려줍니다.

화이트와 연한 블루 컬러가 조화를
이룬 그림입니다. 하얀 벽에 달아서
마치 바다 한 조각을 떼어온 것
같은 느낌을 주었습니다.

액자: 제이지클리_르비엥 • 휴지통:
루밍_Tubelor Homme Sand(IDEACO)

시선을 사로잡는 액자는 미니멀하면서 포근한 공간에 포인트 컬러로
활용되어 공간에 생기를 줄 수 있습니다.

액자: 하일리 힐즈_Cycas no.01 • 소파: 알로프_AW 소파3인용

수묵화 같은 무채색의 그림은 미니멀한 공간에 제격입니다.

왼쪽 액자: 하일리힐즈_Areca No.01
오른쪽 액자: 웜그레이테일_NORTH

POINT 13 생활필수품을 디자인 소품으로 활용하기

다음 날 입을 옷을 미리 걸어두는 옷걸이도 우드와 화이트 봉의 조화로 멋진 소품이 될 수 있습니다.

옷걸이: 텐바이텐_홈앤하우스 원목옷걸이

집 안에는 생활에 꼭 필요한 소품들이 있게 마련이죠. 깔끔하게 스타일링한 집에 그런 물건 하나가 옥에 티처럼 거슬리기도 합니다. 하지만 생활필수품도 미니멀한 디자인으로 잘 고르면 여느 디자인 소품 부럽지 않습니다. 디테일이 전체를 바꿀 수 있다는 걸 명심하세요!

패턴이 화려한 다리미판 대신 깔끔한 화이트 컬러의 제품을 이용해보세요. 그대로 펼쳐놔도 좋은 소품이 될 수 있습니다.

다리미판: 아이홈_ 프리미엄 스탠드 다리미판

호텔에 가면 있는 새하얀 슬리퍼는 보기만 해도 기분이 좋죠?
집에서도 심플한 실내용 슬리퍼를 선택하면 소품처럼 연출할 수 있습니다.

러그: rooms5_베이직 스퀘어 카페트 아이보리

깔끔한 벽시계 하나만으로도 공간에 포인트를 줄 수 있어요. 그레이 컬러의 침대러너, 커튼과 함께 조화를 이루어 공간이 심플하면서도 모던한 느낌을 줍니다.

벽시계: 이노메싸_Wyzer(LEFF) • 침대러너: 블랑데코_Natural Texture Bedrunner

POINT 14 아이방도 예쁘고 미니멀하게

화이트를 기본으로 해도 작은 무늬나 소품만으로 충분히 아늑하고 아기자기한 방을 만들 수 있습니다.

침대: 공방 맞춤제작 • 벽선반: 마켓비_Tuner 벽선반 • 핑크 벽조명: 이케아_SNÖIG
• 1층 침구: 마마스룸_오리온 BLUE 별프린트 면차렵이불 풀세트 • 2층 침구: 데코뷰_안나프로방스 극세사 침

아이방이라고 꼭 형형색색으로 꾸밀 필요는 없습니다. 무채색이나 파스텔 톤의 가구와 벽지를 기본으로 아이다운 쿠션, 액자, 인형으로 포인트를 주면 깔끔하면서도 예쁜 아이방을 연출할 수 있습니다. 여자아이는 핑크, 남자아이는 파란색이라는 선입견을 가질 필요도 없습니다. 심리적으로 안정되고 편하게 머물 수 있는 방을 만드는 것이 더 중요합니다.

연한 핑크색과 우드의 조합으로
부드러우면서도 깔끔한 방을 만들었습니다.

침대: 리엔더_베이지베드 • 액자: 잇스틱스_ZOO 시리즈
• 조명: 드래곤플라이디자인_미피무드등

민트그레이와 화이트 컬러, 두 가지 색만으로도 충분히
예쁘고 안락한 분위기를 만들었어요.

액자: 웜그레이테일_FLYING SEAGULL • 쿠션: 데코뷰_폴라마운틴 • 침구: 달소앳홈_마가린 컴포터

여자아이의 방이지만 그레이 컬러로 깔끔하고 편안하게 연출했습니다.

침대, 서랍장: 까사미아_드리머 미드 하이베드 • 구름쿠션: 이케아_FJÄDERMOLN • 벽선반(좌): 까사미아_스텐리 집모양 선반 • 벽선반(우): 이케아_KNOPPÄNG • 침구: 코코로박스_스카이폴 차렵이불세트 스카이블루 • 벽시계: 이소품_JB사각벽시계 • 액자: 판다스틱_ WOOT 민트부엉이 & TICTECTOC_내꿈에 놀러와 by 고욜

"미니멀리즘은 무조건 소유물을 줄이는 것이 아니라

보다 의식적이고 신중한 선택을 내릴 수 있도록 도와준다"

-『미니멀리스트』 중에서 -

미니멀 홈스타일링 함께해요!

블로그 이웃 당근공주마미님

항상 블로그 보면서 힐링하고 갑니다. 지금 소소히 하나 하나 정리하면서 미니멀 라이프를 실천 중이고요, 나에게 필요 없는 물건은 나누고 필요한 물건은 제대로 된 제품으로 갖추어가는 것도 배우고 있어요.

블로그 이웃 루시님

미니멀 라이프 포스팅 잘 보고 있어요. 역시 정리 전 물건을 비워야 된다는것! 그래야 수납 고민도, 청소 고민도 줄어들 수 있는 것 같아요. 저도 쓰지 않는 화장품 개수를 과감히 정리해서 서랍 안에 넣고 사용하니 화장대가 깨끗해서 기분까지 좋아지더라고요.

블로그 이웃 D양님

실속형 미니멀 라이프를 보여주시는 레브드홈! 공간을 채우는 것보다 어떤 걸 남기는 게 중요한지 알려주셨던 것 같아요. 저도 많은 도움 받았답니다.

블로그 이웃 리봄님

미니멀 라이프는 그저 필요없는 물건을 버리는 거라고만 생각했던 사람이었는데, 레브드홈님 포스팅을 보며 정말 많이 배웠어요. 물건에 대한 집착이 없어지면서 마음의 여유가 생기고 생활이 바뀐다는 게 정말 놀라워요. 아직은 잘 안되지만 조금씩 실천 중이랍니다! 여유롭고 행복하게 살고 싶어요!!

블로그 이웃 철홍님

무조건 사두고 싶어 하고 정리와는 거리가 먼 아랫동네 아낙이 '눈팅'으로 호강하며 조금씩 변해가고 있어요. 욕심껏 채우지 않아도 편히 머물 수 있는 공간이 참말 내 집이더라고요.

분당 정자동 서**

'레브드홈'은 인테리어에 대한 특별한 취향과 가치관이 없던 내게 꼭 필요한 가구만 구입해 넓지 않은 공간을 최대로 활용할 수 있는 플랜을 제시해준 멘토같은 존재였습니다. 이사에서 생기는 수많은 물음에 대한 해답을 제시해준 든든한 헬퍼이기도 했고요. 앞으로도 레브드홈만의 따뜻함이 담긴 미니멀 홈스타일링 포트폴리오 기대할게요.

쌍문동 신혼집 김**

부부만의 분위기를 담은 마음이 편안해지는 신혼집을 꾸미고 싶었던 우리는 '레브드홈'의 도움으로 첫 신혼집을 빨리 퇴근하고 싶은 집, 손님을 초대하고 싶은 집으로 꾸밀 수 있었습니다. 홈스타일링이라는 생소한 개념에 의구심을 갖던 남편도 홈스타일링 후에는 저보다 더 집에 애정을 가지고 주변 사람들에게 우리 집에 대해 이야기를 하더라고요. 아이가 생기거나 이사를 가는 등의 변화가 생긴다면 꼭 다시 한번 '레브드홈'과 함께하고 싶습니다.

광교 센트럴 박**

두 아이의 엄마로, 맞벌이 부부로, 대한민국에 살면서 새로운 집을 '스타일링'한다는 것이 얼마나 어렵던지…. 하지만 미니멀 홈스타일링으로 나만의 취향과 감성이 숨쉬는, 그리고 왠지 처음부터 모든 것이 제자리에 있었던 것 같은 자연스러운 느낌의 행복한 공간을 갖게 되었습니다.

광교 호반 김**

삼남매에, 자잘한 짐도 많아 아무리 치워도 깔끔해지지 않던 집이 홈스타일링을 하고난 후 우리 가족에 딱맞는 맞춤옷처럼 편안하면서도 심플한 공간이 되어 너무나 만족합니다.

영통 신혼집 이**

20년이 넘은 15평도 안되는 이 작은 전셋집에 단순하지만 필요한 것은 다 있는, 거기에 센스까지 갖춘 홈스타일링만으로 마치 시공한 것 같은 인테리어 효과를 봤어요. 2년이 지난 지금까지도 살면서 아쉬운 공간이 하나도 없고요, 미니멀 라이프를 잘 실천하고 있습니다.

분당 신혼집 김**

어렸을 적부터 예쁜 신혼집 인테리어는 저의 로망이었습니다. 하지만 하나 하나 준비할 것도 많고 결정하기가 여간 어려운 일이 아니었는데 레브드홈의 홈스타일링으로 마음에 쏙 드는 신혼집을 얻게 되었어요. 타고난 감각과 센스 넘치는 그녀의 손을 거친 우리 집은 언제나 머물고 싶은 포근한 공간이 되었습니다.

위례 센트럴 황**

인테리어에 관심은 많았으나 통일감 있고 센스있게 꾸미는 건 어려운 일이라 홈스타일링 부탁을 드렸어요. 홈스타일링 받고 집이 너무 좋아 외출도 안한답니다. 미니멀라이프. 처음에는 심플해 보일 수도 있지만 보면 볼수록 질리지 않고 여유로워 공간이 가족의 행복으로 채워지는것 같습니다.

판교 듀플렉스 김**

워킹맘에게 퇴근 후 현관문을 열고 들어가면 펼쳐지는 광경은 새로운 업무의 연장선으로 느껴져 집이 쉴 곳처럼 느껴진지 오래였습니다. 미니멀 홈스타일링을 통해 제가 바랬던 건 청소 시간은 짧지만 가족과 따스한 시간을 보낼 수 있는 둥지 같은 공간이었어요. 소망대로 지금은 살림이 간편해진 포근한 공간에서 가족과의 추억을 쌓아가고 있습니다.

처음 시작하는 미니멀 라이프

1판 1쇄 발행 2016년 11월 8일
1판 9쇄 발행 2021년 9월 30일

지은이 선혜림
발행인 강선영 · 조민정
마케터 이주리
펴낸곳 ㈜앵글북스

출판등록 2014. 12 .5(제2015-000058호)
주소 03174 서울시 종로구 사직로8길 34 경희궁의 아침 3단지 오피스텔 407호
전화 02-6261-2015
팩스 02-6367-2020
메일 contact.anglebooks@gmail.com

ISBN 979-11-87512-06-6 13590